住房和城乡建设部、财政部提出实施意见

推进夏热冬冷地区既有居住建筑节能改造

　　住房和城乡建设部、财政部日前就推动夏热冬冷地区既有居住建筑节能改造工作提出实施意见，要求积极探索适用于这些地区的既有建筑节能改造技术路径及融资模式，完善相关政策、标准、技术及产品体系，为大规模实施节能改造提供支撑。

　　实施意见明确了做好既有居住建筑节能改造工作的基本原则。一是坚持因地制宜、合理适用。要在充分考虑地区气候特点、建筑现状、居民用能特点等因素基础上，确定改造内容及技术路线，优先选择投入少、效益明显的项目进行改造。二是窗改为主、适当综合。改造应以门窗节能改造为主要内容，具备条件的，可同步实施加装遮阳、屋顶及墙体保温等措施。三是统筹兼顾、协调推进，改造应根据地区实际与旧城更新、城区环境综合整治、平改坡、房屋修缮维护、抗震加固等工作相结合，整合政策资源，发挥最大效益。四是政府引导、多方投入，中央财政适当奖励、地方财政稳定投入，引导受益居民、产权单位及其他社会资金自愿投资改造，建立稳定、多元的投融资渠道。五是点面结合、重点突破，在实施单一改造项目同时，应选择积极性高、组织能力强、改造资金落实好的市县，优先安排节能改造任务，实现集中连片的推进效果。

　　实施意见强调，各地住房城乡建设、财政主管部门应综合考虑建筑物寿命、建筑所有权人改造意愿等因素选择改造项目。防止假借改造名义实施大拆大建。应根据建筑形式、居民承受能力等因素，进行节能改造方案优化设计，并组织专家进行技术经济论证。按照公正公平公开原则，采取招投标方式优选施工单位。严格施工过程的质量安全管理，切实加强改造工程的防火安全管理。加强改造项目选用的门窗、遮阳系统、保温材料等产品的工程准入控制，优先选择获得国家节能性能标识、列入推广目录的材料及产品。同时，各地住房城乡建设、财政主管部门要建立节能改造项目的评估机制，对改造项目的实施量、工程质量等进行专项验收，委托具备条件的建筑能效测评机构对改造项目的节能效果、居民室内舒适度改善等情况进行测评。对达不到预期目标的，应分析原因，提出限期整改要求，并监督落实。

图书在版编目(CIP)数据

建造师 20 /《建造师》编委会编. — 北京:
中国建筑工业出版社,2012.5
ISBN 978-7 - 112 - 14205 - 7

Ⅰ.①建 … Ⅱ.①建 … Ⅲ.①建筑工程—丛刊
Ⅳ.①TU - 55

中国版本图书馆 CIP 数据核字(2012)第 058084 号

主　　编:李春敏
特邀编辑:李　强　吴　迪
发　　行:杨　杰

《建造师》编辑部
地址:北京百万庄中国建筑工业出版社
邮编:100037
电话:(010)58934848
传真:(010)58933025
E-mail:jzs_bjb@126.com

建造师 20
《建造师》编委会　编
*
中国建筑工业出版社出版、发行(北京西郊百万庄)
各地新华书店、建筑书店经销
北京朗曼新彩图文设计有限公司排版
世界知识印刷厂印刷
*
开本:787×1092 毫米　1/16　印张:8¼　字数:270 千字
2012 年 5 月第一版　2012 年 5 月第一次印刷
定价:18.00 元

ISBN 978-7 - 112 - 14205 - 7
　　　　(22276)

录

本社书籍可通过以下联系方法购买:
本社地址:北京西郊百万庄
邮政编码:100037
发行部电话:(010)58934816
传真:(010)68344279
邮购咨询电话:
(010)88369855 或 88369877

《建造师》顾问委员会及编委会

北京建工集团援建的玉树隆宝镇中心
寄宿小学于2011年6月29日胜利交竣

肩负北京建筑业神圣使命
为首都形象增光添彩

——北京建工集团援建青海玉树纪实

李长晓，张炳栋

"万里驱驰过瑶台，清风拂面涤尘埃。不冻泉畔黑鹤去，玉珠峰头白云开。莽莽昆仑天际远，人间苦难都灰烬。"青海省委书记强卫所作《过昆仑》的诗句道出了如今灾区同胞的心情。在500多个日日夜夜里，北京建工集团玉树援建前线指挥部全体援建将士充分发扬"缺氧不缺精神，高寒不减斗志，艰苦不怕吃苦，困难不挫信心"的"四不"玉树援建精神，克服千难万险，创造出一个又一个援建奇迹，圆满完成了玉树援建阶段目标，兑现了"新校园会有的，新家园会有的"庄严承诺，实现了玉树大地震灾区同胞"人间苦难都灰烬"的夙愿，实现了"让灾区同胞满意，让首都人民放心，让北京建工人自豪"的援建目标。

承担国企社会责任，率先奔赴援建前线

北京建工集团曾在多次重大政治任务、抢险救灾任务中不辱使命。SARS期间，七天七夜建起小汤山医院；甲型流感期间，高质量建成潮白河专科医院；圆满完成奥运会工程和国庆六十周年庆典保障

任务；在汶川大地震后，北京建工集团第一时间奔赴抢险救灾一线，并在北京对口支援什邡恢复重建工作中承担7项援建工程。

4.14玉树大地震发生后，北京建工集团领导高度重视，于2010年5月25日紧急召开党委常委会扩大会，传达北京市援建玉树相关精神和工作部署，研究制定集团援建方案。考虑到困难重重，任务艰巨，经研究决定，集团公司成立了由党委书记刘志国和总经理戴彬彬亲任组长的援建青海玉树工程建设领导小组，任命2008年成功带领北京建工集团完成援建四川地震灾区1万余套安置房任务的集团副总经理丁传波担任常务副组长，并委派2008年具体承担四川地震灾区板房援建任务和四川灾区恢复重建任务的集团总承包部具体承担此次援建任务。

5月26日至29日，集团相关负责人跟随北京援建玉树先遣组奔赴玉树进行实地考察。

6月7日，北京建工集团援建青海玉树工程建设领导小组成立。

6月8日，北京建工集团援建青海玉树工程建设领导小组召开第一次会议，部署援建工作，并设立一千万元的启动资金，确保援建工作顺利展开。北京建工集团党委书记刘志国表示：要把此次援建视为一项光荣而艰巨的政治任务，又是一项国有企业勇于承担社会责任的重要使命，当成一次亲自为藏族同胞重建家园尽力出智的机会认真对待，北京建工集团将在人力、资金、技术、政策等各个方面给以援建工作全力、全方位的支持！

最先进驻援建地：2010年6月18日，集团援建青海玉树工程建设指挥部作为北京四大国企第一支出发的队伍奔赴玉树灾区。

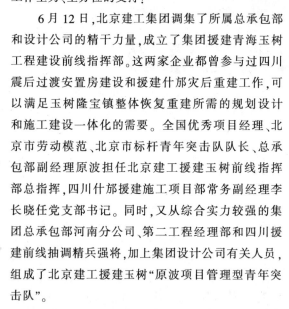

6月12日，北京建工集团调集了所属总承包部和设计公司的精干力量，成立了集团援建青海玉树工程建设前线指挥部。这两家企业都曾参与过四川震后过渡安置房建设和援建什邡灾后重建工作，可以满足玉树隆宝镇整体恢复重建所需的规划设计和施工建设一体化的需要。全国优秀项目经理、北京市劳动模范、北京市标杆青年突击队队长、总承包部副经理原波担任北京建工援建玉树前线指挥部总指挥，四川什邡援建施工项目部常务副经理李长晓任党支部书记。同时，又从综合实力较强的集团总承包部河南分公司、第二工程经理部和四川援建前线抽调精兵强将，加上集团设计公司有关人员，组成了北京建工援建玉树"原波项目管理型青年突击队"。

6月18日上午，集团首批18名援建将士在青年突击队大旗下庄严宣誓：北京建工 不辱使命 援建玉树 众志成城。在北京建工集团各级领导、同事以及家人的关心、鼓励、期待的目光中，原波和他的战友们，登上装载着高原施工所需物资的车辆，带着首都人民的深情厚谊，怀着北京建工人的雄心壮志驶离首都，成为北京市首个出征青海玉树参与震后援建的企业。

首批援建将士驱车3000余公里，于2010年6月21日抵达西宁。6月24日，原波、李长晓带领先遣组一行四人率先抵达援建目的地——玉树隆宝镇，并与当地镇政府进行对接，对指挥部营地进行选址并

协调当地专业打井人员为营地打井，基本解决了营地生活用水问题。

7月1日，18名援建将士全部到达援建地——平均海拔4 300m、受灾最为严重的玉树隆宝镇。

为熟悉高原作业和生活经验，援建将士们前往刚刚结束玉树抗震抢险工作的中国人民解放军某部救援大队"取经"。同时，所有队员都提前进行了高原病防治培训和严格的体检。为保障援建工作顺利展开，北京建工集团玉树援建前线指挥部还从交通、通信、住宿、饮食、医疗保障等各个方面入手，积极采购高原施工所需的物资、设备。

7月20日，隆宝镇中心寄宿小学援建项目代表北京市率先破土动工，北京建工集团率先打响北京市玉树援建"第一枪"。

面临艰苦环境，勇克高反，率先倡导"四不"玉树援建精神

玉树重建是迄今为止人类在高原高寒地区开展的最大规模的灾后重建，是在制约条件最为突出、生态保护最为重要、民族宗教工作最为繁重的地区开展的灾后援建。面临艰苦的玉树援建环境，北京建工集团玉树援建前线指挥部党支部率先提出了"四不"玉树援建精神。

前线指挥部全体人员均来自内陆地区，初上高原极为不适应，血压升高、呕吐、失眠等高原反应非常严重。面对这种情况，前线指挥部党支部一方面予

以积极的药物辅助治疗，同时提出了以精神意志战胜高原反应的口号，即："心态决定身体状态、精神决定工作状态、意志战胜高原反应"，并在北京援建队伍中率先提出了"四不"的玉树援建精神，即：缺氧不缺精神，艰苦不怕吃苦，高寒不减斗志，困难不挫信心。以"四不"玉树援建精神，激励全体援建将士同高原反应做必胜的斗争，发扬"特别能吃苦，特别能战斗，特别能奉献"的建工铁军精神，树立挑战高寒缺氧极限、克服种种艰难险阻的信心，真正做到"上得来，待得住，打得赢"。

为高质量完成援建任务，集团前线指挥部党支部确立了"三出，三建，三让"援建工作目标。即：出人才，出经验，出成果；建精品工程，建和谐工程，建满意工程；让建工人自豪，让灾区同胞满意，让首都人民放心！援建工作目标已成为全体援建将士的共识，成为大家在政治工程建设中提升自我、追求完美的一种精神境界。

为了得到广大玉树隆宝人民对援建工程建设的理解和支持，也为增强广大援建将士的自豪感和责任感，援建伊始，指挥部领导班子研究决定，从树立北京建工爱心援建、政治援建的形象做起，体现出首都人民心系玉树同胞、北京建工重建崭新隆宝的决心和意志，集团援建前线指挥部党支部从进入隆宝镇的红土山垭口开始，在沿途各个建设点和重点地段，设置了15块北京建工援建的大型公益广告牌，成为进入隆宝镇一道靓丽的风景线。特别是海拔4 600m红土山垭口的那块"首都人民心系玉树同胞，北京建工重建崭新隆宝"和308省道沿途"北京建工，不辱使命，援建玉树，众志成城"大型宣传牌，使所有进入隆宝镇的人们眼前一亮，一股暖流、一份责任、一份豪情油然而生。进入镇区路旁的大型隆宝镇建设整体规划图，更是得到了隆宝镇广大藏民的关注。去年年底，为推进援建工作，部党支部重新更换了308省道的11块宣传牌，内容更加齐全，更加贴近援建实际，更能营造和谐援建氛围。

对于援建宣传报道工作，前线指挥部党支部从讲政治的高度给予了充分重视，明确责任、提前策划、及时报道、前后互动、加强沟通。对所有的重要活动、主要援建节点不漏报、不迟报、不误报，从而保证了各项重大报道事项的万无一失。集团援建前线指挥部党支部充分利用报纸、广播、电视、网络等媒体，打好组合拳。让集团玉树援建报道工作在中央、北京市、青海省各大主流媒体以及网络媒体"全面开花"，做到了报纸有名、电视有影、电台有声。援建以来，集团玉树援建共有180余篇(条)通讯、消息在各媒体发表。今年4.14玉树大地震后一周年纪念日，中央电视台新闻频道全天10次、每次长达3分48秒对集团玉树援建工作进行了报道。青海人民广播电台两次连线前线指挥部，对集团援建工作进行报道。通过开展强有力的宣传报道工作，充分展现了北京建工集团作为国有企业勇于承担社会责任的良好形象，充分展示了民族团结的氛围，为援建玉树灾后恢复重建工作提供了精神动力和舆论支持，树立了企业良好的社会形象和声誉。

结合玉树援建决战之年，党支部还积极开展和认真组织了"来到玉树为了什么，来到玉树要干什么，怎么干"的大讨论，以进一步统一援建将士的思想，坚定决战决胜的信念。通过开展大讨论，使广大援建将士明了：集团援建前线指挥部党支部是为完成党中央和北京市政府交予的援建政治任务而来；到玉树就是要建好新家园、新校园；就是要不辱使

2010年11月22日北京市援建玉树首个基层政权用房−措多村村公所交付使用。

命、众志成城、全力以赴建设一个美丽、现代、富饶的社会主义新玉树。同时,党支部要求全体援建人员在思想上进一步强化"四个意识",即:援建政治任务的使命责任意识、工作中的主观能动性意识、团队意识和圆满完成今年援建任务的必胜意识。在此基础上,开展了党支部和全体党员的"双承诺"活动,并将"双承诺"上墙,接受党员群众监督,以促进党组织战斗堡垒作用和党员先锋模范作用的发挥。全体共产党员满怀对灾区人民的深情厚谊和建设新隆宝的雄心壮志,全部上交了承诺书,决心以实际行动为玉树援建做出贡献。

营造和谐援建环境,创造性开展"联创共建"活动

玉树隆宝镇为海拔最高、受灾最为严重地区,属藏族聚集牧业区,农牧民房重建点多面广,语言沟通交流不便,援建政策落实难度大,具体施工中的劳动力紧张,地材供应困难,援建将士还要克服高寒、缺氧等诸多困难。集团援建玉树工程建设前线指挥部党支部,结合"创先争优"活动的开展和援建工作实际,创造性地开展党建工作,与隆宝镇党委结成"联创共建"对子。主要目的是在援建施工建设和灾后重建工作中,两个单位党组织联合进行创先争优,在"联创共建"活动中建立友谊,在共同推进党的建设过程中,促进援建隆宝镇灾后重建工作的开展,及时妥善地协调解决好援建工作中出现的困难,为援建工作创造良好的内外部环境。在活动中充分发挥共产党员的先锋模范作用,把党的思想政治优势、组织优势和群众工作优势,转化为灾后重建的优势,切实体现以党建促重建、援建,共同推进隆宝镇援建这一政治任务的顺利完成。

援建伊始,面对复杂的援建环境,集团援建玉树工程建设前线指挥部党支部与玉树藏族自治州隆宝镇党委首先确定了"联创共建"的主要工作内容,即:加强基层组织建设,发挥党员和党组织的先锋模范作用、战斗堡垒作用;服务隆宝镇牧民群众,创造和谐的援建环境,保证灾后重建的

持续发展;培养优秀人才,推出先进典型和工作经验;保证隆宝镇灾后重建和北京援建工作走在玉树藏族自治州和北京市的前列。

其中,服务隆宝镇牧民群众,创造和谐的援建环境,保证灾后重建持续发展是落脚点;培养优秀人才,推出先进典型和工作经验是着力点;加强基层组织建设,发挥党员和党组织的先锋模范作用是基础和保障。

同时,双方党组织设定了主要活动内容,两个单位党组织就援建和重建工作中遇到的重大问题和事项进行及时沟通研究和集体决策;共产党员在各自的工作岗位上,要"亮出身份、发挥作用、展示形象",切实做好周围群众的思想工作,为援建工程建设创造和谐的环境保驾护航;建立两个单位党组织集体共同活动的场地——"联创共建工作站",双方共同组织活动,展示"联创共建"活动成果,宣传先进事迹,推广援建先进经验。

党支部建立了长效机制,确保援建工程顺利推进。

建立了前线指挥部与隆宝镇党委的"联席会议机制",两个单位党组织每周或不定期举行一次工作联席会议,就援建和重建工作中发生和遇到的实际问题进行会商研究,提供科学及时的决策。通过"联席会议机制",共同解决了危房拆迁、农牧民住房户型、结构类型选择以及地材优先供应等问题。

建立了"党员挂牌上岗"制度。前线指挥部党支

集团前线指挥部总指挥原波将5 000元党员活动经费交至隆宝镇党委书记久文手中,作为隆宝镇第一笔环保奖励基金。

部和隆宝镇党委联合开展了"共产党员亮出身份、发挥作用、展示形象"的活动,两个单位党组织的全体共产党员统一佩戴印有藏汉双语字样的"共产党员"标牌上岗工作,增强责任感和使命感,并接受群众监督,促进党员作用的发挥。

开展 "党员责任区"、"党员先锋岗"、"党员承诺制"活动,发挥无职党员以及镇包点干部的作用和积极性。

建立两个单位党组织的感情沟通机制。相互提供帮助解决工作、生活中的实际困难,建立深厚的援建情谊。

建立目标考核和评优奖励机制。结合党员先锋岗和党员责任区的设立,两个单位党组织共同设计工作目标和考核评分办法,开展优秀共产党员的评比活动。

建立联保机制,组成联防队,共同维护当地和援建施工现场的治安安全、人身安全以及环境保护,营造了平安祥和的援建氛围。

通过与镇党委共同开展"联创共建"活动,取得了良好效果,达到了预期目的,有力地促进了援建任务的顺利实施。

创造了和谐的援建环境。与隆宝镇的干部群众、僧俗建立起了良好的关系,得到了当地干部群众的理解与支持,创造了和谐的援建环境,促进了诸多援建问题的解决。

营造了相互补台、相互支持的良好氛围。援建之初,前线指挥部为镇政府所在地打了一口吃水井,安装上供水管线,解决了镇政府和附近学校、牧民吃水难问题。镇党委、政府则选派两名藏族老师利用晚上时间辅导集团援建将士学习藏语、藏歌、藏舞,进一步加强了与当地民众的沟通。

相互启发,促进工作的创新。前线指挥部发扬北京建工集团"建楼育人"的优良传统,为隆宝镇代培了一支由30名藏族同胞组成的高原牧民施工队。同时,前线指挥部与镇党委、政府联合开展了"保护三江源、建设美丽新隆宝"为主题的隆宝镇环保日活动。

促进了援建任务的顺利实施。活动的开展,有效地促进了援建施工按节点目标有序向前推进,确保了年度援建任务的完成。

挑重担,担负北京市援建玉树任务之最

玉树重建是迄今为止人类在高原高寒地区开展的最大规模的灾后重建,是在制约条件最为突出、生态保护最为重要、民族宗教工作最为繁重的地区开展的灾后援建。

此次北京援建玉树的理念是:科学援建、和谐援建、高效援建、阳光援建;此次援建的目标是:以首善标准按时高质量完成援建任务。北京建工集团负责援建青海玉树隆宝镇地震灾后整体援建工作,主要涉及四大类,包括城乡住房工程、公建工程、市政工程,共计39项,项目数占据北京整体援建总项目数的50%。

其中,农牧民住房建设项目:隆宝镇内建设城乡住房合计1 631套,总建筑面积130 480m²。其中,德吉岭生态新村为北京市援建玉树最大农牧民集中安置点;公建项目:集团负责的公共建筑共有29项,总建筑面积约24 000m²,是北京援建企业中承担公建施工最全的援建企业。其中承建的隆宝镇中心寄宿小学为北京市最大单体援建项目;市政项目:包括隆宝镇市政道路、村道硬化、农村公路、乡村供水、便民桥梁加固等6项援建任务。北京建工集团承建玉树援建施工任务为北京市承担援建玉树项目最多的企业,项目数占据北京援建总项目数的一半左右。

面临重重艰难险阻,北京建工集团援建玉树前线指挥部"明知山有虎偏向虎山行",充分发扬"缺氧不缺精神,高寒不减斗志,艰苦不怕吃苦,困难不挫信心"的"四不"玉树援建精神,克服千难万险,创造出一个又一个援建奇迹,圆满完成了玉树援建阶段目标,兑现了"新校园会有的,新家园会有的"庄严承诺,实现了玉树大地震灾区同胞"人间苦难都灰烬"的夙愿,实现了"让灾区同胞满意,让首都人民放心,让北京建工人自豪"的援建目标。

为让玉树灾区同胞早日搬进家园,集团前线指挥部不等不靠,主动出击,迅速行动,采取"以动促开,以开促进"的策略,积极主动开展工作,推动玉树援建工作稳步前进。集团前线指挥部本着工程总承包的职责范围,就援建任务的领取、规划设计、系统管理、援建工程标准、地材供应等,先后与省、州、县、

镇的各级领导以及玉树藏族自治州各级管理职能部门进行了大量的沟通协调工作，为援建工程的建设打下了基础。同时，根据前期确定的灾后重建规模，在集团、总部的支持下，迅速组织人员，调拨资金，采购了吊车、铲车、叉车、挖掘机、自卸车、货车等各类施工机械 17 台，从河南郑州调运了一台混凝土地泵、两台塔吊，从北京调运了两台发电机等运抵隆宝，从集团辽宁分公司引进劳务施工队伍，钢筋、水泥、木材、模板等建材陆续购进，迅速具备了展开施工生产的条件。7 月 20 日，建工集团率先实现了北京援建任务当中最大的单体工程——隆宝镇中心寄宿小学破土动工，由此掀开了北京援建玉树工程建设的序幕。

随后，原波带领指挥部成员积极与镇政府合作，冒风雨，顶烈日，翻山越岭，穿涧趟河，在方圆 3 200km² 范围内，深入到隆宝镇家家户户，进行摸底调查，确定能够进行拆除清墟后重建的农牧民房。前期一共确定了 18 个建设点和镇区 16、25 组团地块。为给隆宝镇镇区市政道路施工创造条件，指挥部积极挺进，在隆宝镇区规划范围内先不涉及居民拆迁的 16~25 组团地块共计 47 户居民住房破土动工，着手进行镇区建设，这种见缝插针的做法，赢得了市前指和隆宝镇政府的肯定。这些工作的开展为落实北京前指提出的"抓住农牧民房建设创造亮点，全面实现 2010 年计划项目开工"的援建目标打下了基础，也促进了隆宝镇整体援建工作的开展。

面对高原气候所特有的有效施工时间短、点多

为玉树农房建设添砖加瓦

面广、施工环境差、含氧量少、人员与施工机械降效严重等等不利情况，集团指挥部与隆宝镇党委、政府联合召开了战役动员大会，对完成目标和进度保证措施、技术质量保证措施进行了具体部署，要求各分包单位要保证充足的劳动力，采取"整体平端、全面开花"的施工方式。只要天气允许，就要保证 24 小时连续施工。原波讲到，"开弓没有回头箭，我们上来了，就没有不打赢这场硬仗的理由！"并将"没有任何借口、只用结果说话"作为战役座右铭，要求全体援建将士同舟共济、顽强拼搏、不辱使命，最终使隆宝镇的援建工作走在北京市援建、玉树重建的前列，共同捍卫援建玉树灾区的神圣职责，无愧于北京建工集团万名职工的重托，无愧于首都人民的期望，更无愧于隆宝人民的期盼。

援建伊始，因高原气候的原因，援建将士们吃的是夹生饭、喝的是半开的水，住的是帐篷，睡的是吊床。

为不辱使命，援建将士们克服高原缺氧、天气变化无常、劳动力紧张、图纸滞后、语言交流不便、生活和建设物资供给极度匮乏等令常人难以想象的极端困难，不休节假日和周末，集团援建将士们每天工作 12 个小时以上，甚至白天黑夜"两班倒"，忘我奋战在隆宝镇各援建施工第一线，充分履行了国企社会责任，展示了良好的企业形象。

由于缺氧，头痛、恶心、胸闷、呕吐、彻夜难眠，成了援建将士进入高寒地区的第一堂"必修课"，经常会看到人们的嘴巴张得大大的，痛苦地大口大口喘着粗气，大家称此为"深呼吸"；由于天气干燥，一觉醒来，大家喉咙里像着了火，口干舌燥，嘴唇干裂流血，鼻孔流血；由于高原反应，大家食欲大减，援建将士们戏称"免费减肥"；强烈的紫外线照射下，同志们的脸"黑又亮"，大家相互笑称"非洲朋友"、"藏族同胞"；昼夜温差大，中午穿单衣，而夜里裹着大衣加床被子还打哆嗦。这期间，大部分援建将士患上痔疮、便秘、便血。然而，面对一切艰难险阻，援建将士们充分发扬"缺氧不缺精神，艰苦不怕吃苦，高寒不减斗志，困难不挫信心"的北京援建精神，以大无畏的英雄气概，投身援建第一线，以实

际行动践行"特别能吃苦,特别能奉献,特别能战斗"的北京建工铁军精神。

高原的天气没有规律可循。施工中,一天的天气会有四季变化,一会儿大雾弥漫,一会儿又暴雨、冰雹从天而降;一会儿强烈紫外线又无情地射向大地,一会儿又是狂风大作。大家克服恶劣天气影响,坚持施工不间断。

刚到援建地时,当地行政机构不健全,前线指挥部到玉树县结古镇办理前期工作,来回近200km,有时跑上几个来回也未必办成。

灾后,当地的物资极度匮乏,前线援建建设所需的一切物资只能到80km以外的玉树、甚至800km以外的西宁去采购,路上不仅要翻越海拔4 600m的红土山垭口和拐过无数个山间死弯,还要应付随时蹿上公路的大批牦牛,不仅为物资运输造成极大不便,也增加了运输成本;当地温差大,有时中午气温达到二十多度,而夜间气温只有零度或低于零度,大家在帐篷中只能穿着大衣入睡。

为加快施工进度,集团前线指挥部全体管理人员动脑筋、想办法,采取一切有效措施保障施工建设顺利进行。在劳动力紧张、人工降效非常严重的情况下,建工集团出资300余万元,购置了铲车、汽车吊、自卸车等11台大型机械设备,并建立现场混凝土搅拌站,保证了施工建设急需;同时,积极参与协调分包单位班组施工区域安排和劳动力的安排,高峰时有近7 000名施工人员同时作业,确保施工进度。前线指挥部全体管理人员均"一线指挥",设专人盯物资、专人盯进度、专人盯后勤保障;指挥部还适时组织开展了"大干50天,确保中心寄宿小学按期实现结构封顶"的劳动竞赛,并进行阶段目标管理考核评比,对成绩突出人员给予重奖,从而形成了学先进、赶先进、超先进的良好氛围,推动了施工建设的顺利进行。

为保证施工质量,建工集团前线指挥部确定了隆宝镇中心寄宿小学、德吉岭生态新村、隆宝镇镇区居民住房建设项目争创北京市结构"长城杯"和青海省"江河源杯"工程质量目标。在施工过程中,严格执行"三级检验一级监控"制度,即:班组自检–分包单位验收–指挥部验收,报请监理验收监控。在材料使用上,严把材料进场关,对采购的原材料等物资按规定要求进行检验和试验,认真做好进货验证、抽样送检、监督送样等工作,保证工程每部位所使用的原材料合格,工程建设所需砂石、钢筋、水泥等物资,都要从100km外的结古、巴塘、通天河采购,甚至1 000km以外的西宁市购运;冬施来临,前线指挥部及时制定了冬施方案,严格混凝土配合比例,按要求添加混凝土早强剂、防冻剂,切实保证工程施工质量。援建工作取得了一个又一个辉煌业绩,有关领导和专家在集团个援建现场视察时,均对集团援建工程质量给予了肯定。

春节期间,部分援建将士放弃与家人团聚的机会,坚持集团援建砖厂第一线。大家克服极寒天气,用不到两个月的时间,在青藏高原上建造出了北京市在玉树援建中规模最大、产量最高、机械自动化最先进的制砖厂,创造了在世界屋脊建设砖厂的奇迹,为圆满完成援建任务提供了先决条件。

为确保北京市援建玉树最大单体项目——隆宝镇中心寄宿小学在"七一"前交竣,前线指挥部成立了共产党员突击队,这些队员们昼夜奋战在施工现场,以实际行动向建党90周年献礼。为加快施工进度,集团前线指挥部倒排施工计划,每天晚上召开工作例会,总结当日工作、部署明日工作,并临时从其他援建点抽调近300名精兵强将增援隆宝镇中心小学工程,由党员突击队带领,一天三班倒,昼夜施工,礼拜天、节假日一律不休息,将施工现场划分成数个责任区域,严把死守。

勇争先,展北京建工铁军将士风采

玉树隆宝镇为4.14大地震中海拔最高、受灾最为严重地区,重重艰难险阻考验着全体援建将士。一是援建任务时间紧、任务重;二是面临着高寒缺氧和极端恶劣天气的考验。隆宝镇平均海拔4 300m,最高援建施工点达4 500m,空气含氧量只有平原地区的三分之一至二分之一,昼夜温差达20多度。一年之中,冬季长达8个多月,最低气温达零下45~50度;夏季,冰雹、大雪、暴雨、狂风经常会在一日之内同时光顾,瞬间风力可达八、九级;三是语言交流不便、劳动力紧张、建材供应困难的考验。玉树为藏族同胞聚集区，大部分藏民不会讲普通话；由于高原反应强烈，很多施工队伍上来没几天就撤下去；隆宝镇只有一条308省道与外界相连，且年久失修、山路险峻崎岖，经常会有大批牦牛、山羊挡住去路；当地建材奇缺，绝大部分材料要到80km外的玉树、1 000km外的西宁，甚至数千公里外的西安、兰州、北京购买。

面对重重困难和压力，全体援建将士充分发扬"四不"玉树援建精神和北京建工铁军精神，舍小家，为援建，忘我奋战在援建第一线，确保了援建政治任务的顺利推进。期间，涌现出了诸多可歌可泣的动人事迹。

前线指挥部总指挥原波在第一次随市先遣组突击上高原的时候，发生了头疼留下了病根，在这里只要工作一忙，就会发生头疼，并出现了血糖异常现象，但他坚持不让大家知道，以免影响同志们的情绪。长时间的劳累和风吹日晒，原波整个人都脱了像，又黑又瘦，他若站在藏民堆里，你分不清谁是藏民、谁是汉民。

党支部书记兼副指挥李长晓患有胃病和腿部静脉曲张，但他始终坚持援建一线工作。春节期间，刚刚做完手术的他，放弃与家人团聚的机会，带领部分援建将士冒着极寒天气和每天必刮的"白毛风"，顽强地战斗在集团援建砖厂建设第一线，为今年顺利推进援建任务做出了积极贡献。在玉树援建过程中，李长晓同志充分发挥一名共产党员的先锋模范作用，以身作则，率先垂范，围绕援建政治施工任务创造性地开展党建工作，尤其由他倡导的与援建地党委联合开展的"联创共建"活动，营造了和谐援建氛围，树立了企业形象，有力地推动了援建任务的开展，受到了青海省、北京市以及集团公司各级领导的高度评价，成为各级领导极力推荐的援建典型经验，成为北京援建玉树的佳话。

副指挥王兴同志，血压偏高，走路急了喘、弯腰洗脸也喘粗气，又犯了痔疮，晚上睡觉就趴着睡，一连十多天，气憋得厉害，大家劝他回西宁休整几天再上来，可他说，事情多，人又少，忍几天吧。

从集团公关宣传部调至前线指挥部做宣传工作的张炳栋，是集团援建队伍中年龄最长的一位。他克服自身血压高、儿子面临高考、妻子患有糖尿病等困难，深入援建一线做好采访、照相、录像等宣传工作，经常是夜里两三点钟就起床撰写稿件，第二天及时将稿件、信息传递出去。长时间的劳作，使他的血压升至133~193，再加上缺氧，经常看到他是张着大口喘个不停。但他始终坚守在玉树援建第一线。由于他的勤奋工作，集团援建玉树宣传工作始终走在北京市援建玉树各大集团最前列。

机电经理段雪松妻子的预产期在春节前后，可他看到工地上水电施工任务繁杂，实在是不放心，就坚持留在隆宝镇过春节指导砖厂机电施工。大年初四凌晨三点半，急促的电话铃声响起，"雪松，你媳妇生了，是个儿子，五斤半重，母子平安，你就放心吧"。家人报来的喜讯让段雪松欣喜地没能再入睡，同时他又为自己没能在妻子最需要的时候，守候在她的身边而深深地愧疚，好半天也缓不过劲来。

春节期间，主管砖厂建设任务的项目经理杨波，半年多的时间一直没有回过家。这期间，可又有谁知道他"温柔"地搪塞了新婚妻子多少个责问的电话。当大年三十他给山西老家已愈七旬的奶奶打电话拜年时，奶奶愠怒地说："奶奶身体好与不好，你也管不了啊"他回答奶奶：玉树援建工期非常紧，实在是没办法，就请奶奶原谅吧！

指挥部生产经理宋锦锋，在去年12月中旬随着第一批撤回的人员回到河南家中，可是在家休息了不到半个月，就踏上了返程的火车。春节期间，每当电话里传来女儿那稚嫩的"爸爸、爸爸"的喊声时，小宋的心里都是酸酸的。可他却硬着劲说，"你又淘气了，听妈妈话，等几天爸爸回去看你啊！"。

商务经理马杰的孩子出生还不到一百天，就离开了家，奔赴援建第一线。这期间，他的父亲患癌症住院动手术，家人怕他工作分心，一直都瞒着他。马杰作为集团玉树援建指挥部商务经理，具体负责合同、预算前期施工手续以及与政府、市前指的行文交流，工作非常繁杂。仅援建初期，马杰就报送工程的相关手续，拟定可研报告，初步设计、编写了10个工程的六份可研报告，并上报"两证一书"申请表。虽然工作繁杂，但马杰同志以积极的工作态度认真对待每一件工作。

前线指挥部经营预算部预算员符饶第一次出远

门工作，初到隆宝，无论在心理上或是身体上，他都面临着巨大的考验。在艰难困苦中，符饶顽强地坚持着干好每件工作。1 631套城乡居民住房、总建筑面积24 000m²的29项公建任务、8.4亿元的工程造价任务，没有难倒他，在精心工作中，他圆满完成了领导交予的各项任务。他自豪地说，玉树援建，磨炼了我的意志，考验了我的品质，提高了我的能力，增强了我的素质。

集团西宁联络处韩子光的奶奶去世，等火化完了老人的尸体，家人才打来电话告诉他："你在玉树援建，路远、工作忙，就不耽误你的工作了"。一句话，让韩子光泪流满面，他只得化悲痛为力量，专心致志地干好玉树援建工作，以告慰老人家的在天之灵。

办公室吴江的母亲病逝，他未能及时赶到家，待到他千里迢迢从玉树赶回家时，母亲的遗体已经埋葬，他只得含泪在母亲的墓前磕了三个响头。

前线指挥部办公室尹宏、安全员杨乐、一项目部技术员陈云峰、市政项目部肖振南是援建将士中最年轻的几位同志，他们在工作中敢于吃苦、勇于奉献、善于创新，赢得了援建将士们的好评。他们自豪地说，是援建政治任务让我们变得如此坚强，锻炼的更加成熟，在今后的人生路上没有克服不了的困难。

付兴国是集团援建砖厂的一名物资管理人员，他深知砖厂的正常生产和运转，关系着整个集团援建的大局。他不畏生活和工作条件的艰苦，自己一人从指挥部搬到了砖厂，和一线工人同吃同住，从不挑剔、埋怨。经过他手的物资多而又多，有1 400多万块砖，1 750车次的运输，10万余方砂石料，但没有一笔物资出过差错。他说，能保证砖厂24小时正常运转，确保重建的物资保证是我的最大心愿！

徐新举初到玉树负责农牧民住房的定位放线。初初看去是一项简单的任务，其实放线完全不是根据施工图纸放，而是村民告诉包点干部他们家的宅居地范围，并且按照村民的希望在其想盖房的地方盖房，因此加大了许多的困难。村民看不懂施工图纸，为了能更好地服务藏族同胞，他将效果图做成展板，随身携带让村民选择。

"玉树援建，我来了！"商亮的呐喊代表了所有援建团员、青年的心声。从一建公司来玉树援建的商亮，负责北京援建玉树最大农牧民聚集区-德吉岭生态新村的物资管理工作。商亮以前没有干过物资管理工作，于是，他在学中干，在干中学，不仅上网学习工程物资管理、学习各种材料的规格尺寸以及型号外，还诚恳地向周围同事讨教在物资管理上的经验。商亮每天需要整理各种票据，各种签单，统计各分包单位每天的进料情况，归档入卷。同时，他还要协助生产部门拟定出下一步工程节点、各单位所需要的材料量。不管时间多晚，天气如何恶劣，他一定事必躬亲，严把材料质量关，从而确保了德吉岭施工生产的物资保障。

上述感人的事例还很多，在这里就不一一列举了。集团援建前线指挥部党支部的援建将士，个个是真正的战士、真正的英雄，在困难面前，大家没有一个退缩的。正是通过大家发扬"四不"玉树援建精神，保证了集团援建前线指挥部党支部这支援建团队的士气和斗志。这些同志的感人事迹，真实再现了"四不"玉树援建精神，展现了北京建工铁军精神风貌，为集团赢得了荣誉。

"三出三建三让"援建成果丰硕，向首都·玉树人民递交满意答卷

集团玉树前线指挥部以"三出三建三让"为援建工作目标，即：出人才，出经验，出成果；建精品工程，建和谐工程，建满意工程；让建工人自豪，让灾区同胞满意，让首都人民放心！全体援建将士不辱使命，上下一心，向各种困难挑战，取得了一个又一个辉煌业绩，圆满实现了玉树援建政治任务目标节点，向玉树人民、首都人民递交了一份满意答卷，得到了青海省、北京市各级领导的高度赞誉。

2010年9月12日，隆宝镇中心寄宿小学顺利冲出正负零；

10月20日，隆宝镇中心寄宿小学全面封顶；

10月26日，由北京建工集团设计施工的本年度北京市援建玉树最大农牧民集中居住建设点"隆宝镇生态新村"项目破土动工。该项目总用地面积1 500亩，东西长3 000m，南北宽500m，分为7个组团，将建设居民住房600余户，总建筑面积48 000m²，可容纳农牧民4 000人。该施工点位于隆宝镇红土山垭口附

近,濒临国家级自然保护区,海拔接近4 600m,为玉树藏族自治州海拔最高区域。

11月22日,隆宝镇措多村村公所交付使用,成为玉树灾后重建首个交付使用的基层组织建设用房,不仅可满足措多村党支部、村民委员会日常办公需要,还可为村内藏民提供医疗等服务。

12月20日,隆宝镇镇区50套农牧民住房代表率先交付使用,实现了部分受灾同胞“过新年,住新房”的心愿。

2011年2月15日,经过参战将士的共同努力,北京建工集团援建青海玉树灾后恢复重建砖厂建设任务成功告竣;2月26日,砖厂1号线开始试运行;3月6日,1号线正式运行,日产量突破10万块。与此同时,2号线也投入运营。两条生产线已经形成日产20余万块砖的生产能力,满足了工程建设需要。

2011年6月29日,由北京建工集团设计施工的北京市援建玉树最大单体项目——玉树隆宝镇中心寄宿小学胜利交付使用。

2011年8月31日,由北京建工集团承建的玉树隆宝镇农牧民住房建设援建项目全部如期完工,

这是继隆宝镇中心寄宿小学胜利交付使用之后的又一阶段性重大援建成果。至此,北京建工集团郑重兑现了“新校园会有的,新家园会有的”庄严承诺。

2011年9月1日,隆宝镇敬老院举行交付使用仪式。该工程是继隆宝镇中心寄宿小学之后第二个交付使用的公建项目。

至目前,指挥部集体和个人所获荣誉、称号共计百余项。荣获了全国“工人先锋号”称号、青海省“工人先锋号”;青海省“十一五”建功立业先进集体;青海省优秀共产党员;北京市五一劳动奖章等;区局级——北京市国资委先进基层党组织;北京市对口支援青海玉树前线指挥部先进基层党组织等荣誉称号。

青海省省委书记强卫高度称赞北京建工集团用“北京质量、北京精神,北京标准”高标准完成了玉树援建施工任务。

青海省省长骆惠宁称赞道:“北京建工成功挑战了天气、施工和管理三大极限,忘我奋战在援建施工第一线,这种精神令人敬佩!”并用“三个放心”高度评价道:“我对北京建工援建的工程质量放心,施工进度放心,和谐援建放心!”⑥

唯一一家与当地政府创办“环保日”的企业:集团援建玉树州隆宝镇所在地为三江源发源地,前线指挥部与隆宝镇政府以及隆宝镇中心寄宿小学联合开展了主题为“保护三江源、建设美丽新隆宝”活动。

中国经济：迎难而上 稳中求进

——2011年评析和2012年展望

谢明干

(国务院发展研究中心世界发展研究所，北京 100010)

2011年中国经济环境比较复杂严峻，困难很大；2012年中国面临的环境更加复杂严峻，困难更大，两年的问题大体相似，程度不同。本文把对2011年经济形势的分析和对2012年经济发展的展望结合起来，夹叙夹议，提出了看法与建议。全文分八个部分：如何看待经济增速的放缓；如何评估调整经济结构、转变发展方式的进展；如何进一步解决"三农"问题；如何促进实体经济较快发展；如何促使物价、房价继续回落；如何缩小收入分配的差距；如何转变外贸发展方式；如何整治挥霍浪费。最后，对2012年的主要经济指标做了预测，并指出：中国经济将在相当长的时内保持平稳较快增长的格局。

2011年是中国经济发展比较复杂比较艰难的一年，也是取得成效比较理想的一年。从国际环境看，形势比较严峻，发达经济体普遍遭遇三大问题：经济复苏步履蹒跚；失业率居高不下(接近或超过两位数)；财政赤字与公共债务大大超出国际公认的警戒线。这些问题久拖不决，引起了消费者信心不足和社会动荡不安，也对我国经济发展带来了较大的负面影响。例如，美国实行的量化宽松政策导致美元进一步贬值和大宗商品价格上升，使我国外汇购买力大幅下降。又如，欧债危机不断发酵和蔓延，日本经济因遭遇大灾而遭受重创，大大加重了我国出口的困难。从国内环境看，除了一些长期存在的体制性、结构性问题外，经济运行中又出现了一些新情况、新问题，特别是通货膨胀比较严重，住房价格远远高于合理水平，中小企业受多重挤压经营困难较大等。面对这样的形势，中国经济坚持以转变发展方式为主线，克服了重重困难，从政策刺激增长向内生增长和自主增长转变，实现了原定"平稳较快

增长"的目标。同其他国家比较，中国经济增幅大大高于发达国家，也高于俄罗斯、印度、巴西等发展中大国，而通胀率则低于俄、印、巴等国，在世界经济中堪称一枝独秀。

2012年将是中国经济发展困难更多更大的一年。"欧洲可能会陷入信心暴跌、增长停滞和失业增加的危险局面"(国际货币资金组织副总裁利普顿语)；美国民众心情普遍低沉，近三分之一的人认为奥巴马上台后经济状况更差；土耳其、俄罗斯、印度、巴西等发展中国家实行货币紧缩以抑制通胀，经济呈下行趋势。据此，2012年1月7日世界银行发布《全球经济展望》称："世界经济已经进入一个非常困难的阶段，下滑风险严重，极为脆弱"，说"这将是非常困难的一年。"预测2012年世界经济增长率只有2.5%，比2011年还差。同一天联合国发表的年度经济报告则更悲观，预测增长率只有0.5%。这种形势给中国带来更大的困难：外需萎缩使中国出口锐减，欧美债务危机使中国对外投资损失不小，普遍悲观

的预期使中国引进外资的难度增加,发达国家经济不景气使针对中国的贸易保护主义行为增多,石油、矿产等大宗商品价格上升使中国的通胀压力加大等。因此2012年对中国经济来说,也是环境更加复杂严峻、更加困难的一年。

下面,结合对2010年的回顾和对2012年展望,分析中国经济发展中存在的八个热点与难点问题。

一、过高的经济增速有所放缓,这既不影响平稳较快增长的总格局,又为加快转变经济发展方式创造了有利条件,但是在一些地方仍然存在着重速度轻效益的现象

2010年我国经济增长率为10.4%,2011年逐季平稳回落,一季度为9.7%,二季度为9.5%,三季度为9.1%,四季度为8.9%,显示出"软着陆"的特征。全年GDP达到471 564亿元,扣除物价因素比上年增长9.2%,下降了1.2个百分点。对此,有些人认为大势不好,担心经济会出现"硬着陆",导致生产萎缩,失业增加,税收下降,主张进行"二次刺激"。其实,这种看法是不正确的。增长速度适度回落,符合宏观调控的预期,"十二五"规划的预期增长目标是7%,2011年预期的目标是8%,结果达到9.2%,这说明增长速度还相当高,仍然有继续平缓回落的余地,并不存在"硬着陆"之虞。从内需方面看,部分刺激政策退出了市场,如严格遏制住房价格的不合理上涨,取消汽车销售的补贴政策等;从外需方面看,欧美日等发达经济体经济困顿严重影响到我国的出口。因此,增速回落不仅是主动调控的结果,也是经济运行的正常现象。

2011年其他指标大多数也表现良好。例如,新增就业人数超额完成预期的全年900万的指标,达到1 221万。城乡居民收入继续增加,其中,全国城镇居民人均可支配收入为21 810元,比上年增长14.1%,扣除物价因素实际增长8.4%;农村居民人均现金收入为6 977元,增长17.9%,扣除物价因素实际增长11.4%,快于城镇3个百分点。可见经济增速和工业增速、出口增速的回落,并没有影响就业和居民收入的增加,这就为遏制通货膨胀和加快调整经济结构、转变经济发展方式创造了有利条件。

长期以来,人们总是把地区发展等同于地区生产总值的增长,而且把它作为经济发展的目标和考核政绩的标准,这是实现经济平衡、协调、可持续发展的主要障碍,必须从体制制度上加以改革。近些年,有的地方研究试行弱化GDP增长速度、突出经济社会效益的绩效评价考核体系。例如南京市于2011年8月颁布实施《郊县镇街分类考核办法》,把考核分为两部分:一是基本考核,权重占40%,包括4个指标:(1)经济发展,权重占8%,不考核GDP,只考核一般预算收入和固定资产投资。(2)民生改善,权重占14%,主要考核城乡居民就业、收入、教育和卫生。(3)生态文明,权重占9%,主要考核垃圾和污水处理率。(4)和谐稳定,权重占9%,主要考核组织建设和平安社会指数。二是分类考核,权重占60%,目的是促进特色经济发展,凡属现代农业型的,重点考核农地保护和农业现代化;属先进制造业型的,重点考核创新转型发展和集约发展水平;属现代服务型的,重点考核产业发展水平。每种类型都有若干细化指标。市里每年组织考评,奖励先进、鞭策落后,群众满意度低于三分之二的不能参与评优,发生严重群体事件或重大事故的则"一票否决"。这种考核办法,摆脱了GDP的困扰,摒弃了拼资源、掠夺式的增长方式,有助于干部树立正确的政绩观和走好科学发展之路,是一种创新,一种有益的尝试。

在如何看待GDP增长速度的问题上,还有一点需要进一步端正认识。这就是随着经济发展规模的扩大、增长基数的提高,增长速度相应地有所降低将成为常态。发达国家一般能达到百分之二三就很不错了。我国"十二五"规划提出的年均增长目标是7%,这在世界上已经是比较高的速度了。我们不能期求长期保持百分之八九甚至两位数的高速度(现在不乏这种主张),那样势必引发许多严重的经济社会问题,也是我国的资源供给和环境保护所不能允许的,是与贯彻科学发展观的要求背道而驰的。我们也不能设想再实行"出口导向",那样国际上频繁发生的种种危机对我国经济的伤害很大。要保持平稳较快的、质量好的、可持续的经济增长,又

要不断创造出更多的就业机会和居民收入，就必须坚持不懈地深化经济结构调整，加快转变经济发展方式。

二、调结构、转方式有了积极进展，但是由于问题积累较多，任重道远，仍然要继续付出艰苦的努力

加快转变经济发展方式，是"十二五"和更长时间内贯穿我国经济社会发展全过程和各领域的主线，要求经济社会发展从又快又好转变为又好又快，从主要关注数量增长转变为更加注重质量与效益，从片面追求GDP增长转变为以人为本、实现全面协调可持续的发展，从经济、政治、文化建设"三位一体"转变为经济、政治、社会、文化、生态建设"五位一体"。2011年全国上下都为此积极努力，抓经济结构调整，抓科技进步与创新，抓节能减排，取得了初步成效：一是内需外需的协调性增强。首先是大力扩大内需，全年内需对经济增长的贡献率超过100%，其中消费占的比重上升，社会消费品零售总额比上年实际增长（扣除物价因素）11.6%；投资占的比重下降，固定资产投资（不含农户）增长16.1%，比上年下降7.7个百分点。通过不断扩大内需，增强了经济的内生动力和抗冲击能力。与此同时，把扩大进口与稳定出口结合起来，促进进出口贸易趋向平衡，全年贸易顺差1 551.4亿美元，比上年净减少263.7亿美元，收窄14.5%，是连续第3年收窄。二是三次产业的比例关系趋向协调，二产占比下降、一、三产占比上升。工业转型升级加快，传统产业的技术改造逐步展开，淘汰落后产能力度加大，一批重大产业创新发展工程启动实施，工业结构逐步向轻型转变。农业取得好收成，粮食连续8年增产，水稻、小麦、玉米优质化率提高，农业机械化持续快速发展。服务业尤其是现代物流业、高技术服务业、节能服务业、文化体育旅游等产业都有较快发展。三是中西部地区和东部地区的发展差距逐步缩小。无论是规模以上工业增加值、消费、投资的同比增幅，或是对外贸易、利用外资的增幅，中西部地区均大大高于全国平均水平。四是节能减排继续取得成效。化学需氧量排放量、二氧化硫

排放量全年下降比例为2%左右，超过减排1.5%的预期目标。重点行业如火电、炼钢、炼铝等的单位产品能耗也继续下降。五是科技创新越来越受到重视与加强。研究与发展经费逐年增加，一批重大科技基础设施新建或改造完成，研发人员数量居世界首位，专利数量明显增多，尤其是在一些领域取得了具有世界性影响的重大成果。六是农村公共服务水平提高。国家通过加大投入、政策支持、健全制度，使广大农民得到了更多的实惠，诸如：建立了农村义务教育经费保障体制；建立了新型农村合作医疗制度；新型农村社会养老保险的覆盖面超过了60%；农村最低生活保障制度进一步完善，基本上做到了应保尽保；提高了扶贫标准，让更多农村人口纳入扶贫范围；等等。

但是总的说来，我国粗放型的经济增长方式还远未改变。消费率低，消费对经济的拉动作用还不强；服务业落后，"一产不稳、二产不强、三产不足"的问题还比较突出；区域发展的差距还很大；环境污染依然严重，一些节能减排指标没有完成，有的地方的高耗能行业的能耗不降反升；等等。可见调结构转方式和节能减排的任务仍然十分艰巨。我国劳动生产率、资源利用率在国际上都还处于低水平。特别是能源需求增长很快，这首先是同我国现在所处的发展阶段有关，发达国家实现工业化用了二三百年时间，我们才搞了几十年，现在还处于工业化的中期，离实现工业化还很远；同时，我国的人均能源消费水平比许多国家都低得多，只相当于美国的五分之一、经济合作发展组织成员国的三分之一，现在我国还有许多地区用不上电。尽管如此，我们还是应当积极调整经济结构，发展既节能环保又有高科技含量的产业，抑制"三高"产业，使经济走上可持续发展的道路。

有些人认为调结构与稳增长是矛盾的，担心调整结构会影响经济增长速度，从而影响就业与税收。对这个问题要有正确的认识：从短期看、从局部看，可能会因企业改组、技术改造、节能减排等耽误一下生产，减退一些多余人员；但从长期看、从全局看，这是企业强身健骨、提高效益，实现清洁生产、可持续

发展的必由之路,即使暂时影响一点增长速度也应在所不惜。何况不少地方经济本来就畸形发展、速度虚高,处于一种不正常的亢进状态,早就应该调整了。近些年,北京市坚持科学规划、统筹兼顾、有上有下,调整结构进展顺利,经济也保持平稳较快增长,2011年上半年GDP同比增长8%,与全国预期增长8%的目标一致(全国有29个省区市增幅超过两位数);与此同时,万元GDP能耗降低8.4%,大气污染物浓度全面下降,而且投资增长15.6%,消费增长11.3%,财政收入增长27.9%。北京市之所以能取得这么好的成绩,主要是由于大力推进产业优化、调结构、转方式取得明显成效:服务业增加值增长8.2%,高端制造业增长两成多,高耗能高污染行业下降近8成。中国统计学会等单位按照"综合发展评价指标体系"(包括经济发展、民生改善、社会发展、生态建设、科技创新、公众评价6个方面452项指标),对全国各地区进行评估,结果北京居第一名。中国社会科学院对全国各地区的"国内生产总值质量"进行排位,亦是北京居首位。北京市的经验很说明问题,值得其他地区学习。

三、农业生产形势良好,粮食连续八年丰收,但还有许多"三农"问题有待解决,尤其是农业科技水平和防灾抗灾能力亟待提高

2011年全国粮食总产量达到57 121万吨,创造了新的历史纪录,比上年增产2 473万吨,增长4.5%。粮食丰收为保障农产品有效供给、稳定通胀预期、抑制物价过快上涨奠定了重要的物质基础。在长江中下游地区遭遇历史罕见的春夏连旱,几场暴雨后又旱涝急转,农业及养殖业损失严重的情况下,能够实现粮食"八连增",确实是来之不易,主要是靠"政策好、科技强、人努力"。全年中央财政对"三农"的投入达到10 408.6亿元。其中用于粮食生产相关的投入为4 985亿元。同时,国家对小麦、稻谷的最低收购价分别比上年提高5.6%~21.9%,促使农民增收约300亿元。大力推广提高粮食单产技术和调整粮食播种面积也是粮食增产的重要因素,全国粮食

单产达到每公顷5 166kg,比上年提高3.9%;全国粮食播种面积比上年增加69.6万公顷,增长0.6%。中央财政"三农"投入的万余亿元。不仅包括上述涉农补贴这一大块,还包括两大块:一是加强基础设施建设,如水利资金全年共1 814亿元,农业综合开发资金271.6亿元,农村公路建设投资403亿元,农村环保专项资金40亿元等;二是提高社保水平,如农村义务教育经费保障机制改革资金840亿元,新型农村合作医疗补助资金802亿元,等等。

但是与工业化、城镇化和农业现代化的要求相比,我国农业发展仍然滞后,表现在:农业基础设施仍然薄弱,农业综合生产能力不高,抗灾防灾能力不强,耕地中中低产田占到三分之二,耕地土壤有机质的含量平均只有1.8%,比欧洲同类土壤低二三个百分点;农业科技总体水平比较低,农业生产综合机械化水平只有40%,良种培育、设施栽培、机械作业、农业节水、防病防虫、健康养殖、精细加工、保鲜储运等方面的科技研发与创新能力与农业发达国家有很大差距;农业产业化经营尚处于起步阶段,规模普遍偏小,实力不强,农户与农户之间、农户与企业之间缺乏紧密联系;农业社会化服务体系不健全,服务组织数量小、功能少,特别是农业技术、信息、金融、保险的相关服务十分缺乏,远不能满足现代农业发展的需要。此外,还有城镇化如何推进、农民工如何融入城镇问题,土地如何流转问题,如何提高农民的文化科技水平问题等。

解决好我国的"三农"问题,是一个庞大的系统工程,绝非三五年之功。但归根结底,一要靠科技,即加强农业科技创新以提高科技进步对农业的贡献度,加强农村教育和职业培训以提高农民的文化科技素质,加强农业综合开发力度以提高农业生产能力;二要靠改革,包括稳定和完善农村基本经营制度,健全土地承包经营权流转市场,引导农民依法自愿有偿流转土地承包经营权;大力发展农民专业合作经济组织;建设与完善专业合作社与现代农产品加工企业相对接的全产业链、专业合作社与现代流通企业相对接的全流通体系等。

当前和今后一段时期,"三农"问题的中心环节

经济瞭望

是努力拓宽农民增收渠道，促使农民收入持续快速增长。为此，(1)积极推进农业结构调整，充分挖掘农业内部增收潜力，增加农民经营农业的收入。例如：推广良种，发展优质农产品生产；优化品种结构，发展农产品精深加工，发展特色农业；加强农田水利建设；改造中低产田和建设高产田；发展农业机械化和科技下乡服务等。(2)鼓励多元化经营创收，增加农民经营非农产业的收入(工资性收入)。例如：改善农民进入城镇就业、创业的政策环境，保护他们的合法权益；支持农民工回乡创业，带动更多农民就业；引导农村中小企业改善经营管理、转型升级；发展面对农村中小企业和农户的小额贷款服务；积极发展农产品加工企业、物流与商贸企业与各种服务业，发展农村旅游观光、休闲度假等产业等。(3)进一步完善与落实强农惠农政策，增加农民来自国家支农政策与财政转移支付的收入。例如：保护农产品价格合理上涨与基本稳定，支持粮棉油糖等大宗农产品价格随成本上升而提高；完善最低收购价、临时收储等价格支持政策，保障农民的合理收益；推动建立城乡平等的劳动力市场，推行企业工资集体协商制度，保护农民工的合法权益等。(4)发展股份制形式的乡镇企业和专业合作社，增加农民的财产性收入(上述四项收入简称农民收入增加的"四驾马车")。

四、以工业为主体的实体经济保持较快增长，但从总体上说，企业规模小，竞争力和抗风险能力弱，在目前经济环境严峻情况下不少企业经营困难较大

2011年全国规模以上的工业增加值同比增长13.9%，信息产业、农业、交通运输业、房地产业、建筑业等也都发展良好。在未来相当长的时期内，我国国民经济要继续保持平稳较快增长，缩小与发达国家的差距，以及防御各种经济危机，就必须继续认真抓好以工业为主体的实体经济的发展。

一是坚决遏制低水平重复建设。现在实体经济在多种因素的影响下呈现效益下滑的态势，重复建设、产能过剩是一个重要因素。盲目铺摊子、盲目扩大生产力，往往"建成之日就是亏损之时"。环渤

海、华北地区是钢铁产能过剩严重地区，又是钢铁投资的热点地区。2011年前三季度，国内钢铁企业的钢铁主业平均利润率只有1.5%，不少钢铁企业处境困难，而整个钢铁行业的固定资产投资增速却高达19.7%。这真是匪夷所思，岂能不赚钱而猛投资！不仅钢铁、水泥等产能过剩的传统产业仍在扩张，风电、多晶硅等新兴产业也出现重复建设倾向。2012年部分行业产能过剩问题将更加凸显，一来由于外需市场萎缩、出口增幅锐减，部分生产出口产品企业必将开工不足、产能大量过剩，还会出现企业之间为争取订单而互相杀价现象，致使整个行业受到严重伤害；二来房地产投资减速，株连到许多相关行业，使其产能过剩的情况更加严重。为遏制住重复建设产能过剩，近期要综合运用经济、行政手段，如银行限贷、行政审批等；从长期看或者从根本上说，则必须深化改革，从制度上解决产能过剩的深层次问题，包括鼓励和支持民间金融机构加快发展；深化土地流转制度改革；对民营企业实行更加开放的政策，从金融、财税、资本市场等多渠道为民营企业的发展提供良好的服务，使民营企业逐步壮大成为真正以市场信号为导向的市场投资与生产主体等。

二是企业要苦练内功，大搞"三改一加强"，即深入推进企业内部改革，按照建设现代企业制度的要求改革旧机制旧制度、建立和完善新机制新制度；根据市场变化和企业的实际情况进行改组，包括转产、兼并、联合、破产等，使企业摆脱困境，获得新的活力；开展技术改造和科技创新，提高企业的技术水平和竞争力；加强管理，首先要配备一个强有力的团结的领导班子，同时要大力完善和严格执行质量、财务、技术、劳动工资、设备维修等各项制度，加强企业文化建设，弘扬大庆的"三老四严"精神。企业通过改革改组改造和加强管理，通过科技创新，提高自身素质，就能经受得起各种风浪的考验。

三是金融机构要认真负起为实体经济服务的责任。工业企业当前面临困难的原因，除了开工不足和成本上升外，主要是资金紧张、贷款困难。有的银行甚至在基准利率上增加10%~30%，还附加一些苛刻条件，致使贷款企业无法承受；而民间贷款的利息又

建造师 20

15

高得惊人，甚至高达一两倍。这次国际金融危机的一个重要警示，就是一些国家的金融发展脱离了实体经济，大量资金"脱实向虚"，从而诱发了金融和经济崩盘，并迅速殃及到许多国家和地区。因此必须大力整顿金融秩序、深化金融改革，回归到金融服务实体经济这一基本原则上来。我国当前国内经济发展需要大量资金支持，尤其是农村地区、中小企业的资金需求更为迫切，这就更需要金融业把握好服务实体经济的原则。凡是市场有需求、又符合国家产业政策的企业贷款需求，就应积极支持，反之就不予支持。2011年银行的利润增幅很大，恐怕与擅自提高贷款利率和附加贷款条件不无关系，应切实予以纠正和查处。在国民经济体系中，银行与企业应当是利益共同体，银行不应趁企业之危谋自己之利。如果没有企业的长期稳定发展，绝不会有银行稳定的盈利。银行应该在促进企业发展中取得自己长期发展的空间。

五、过高的物价、房价缓慢回落，但仍处于高位，仍有可能反弹，宏观调控不能松懈

这一轮已持续两年的物价上涨始于2009年底，当时，随着我国经济摆脱国际金融危机的冲击之后的回升，2010年全国居民消费价格总水平（CPI）和工业生产者出厂价格（PPI）双双逐步走高。尽管国家采取了一系列稳定物价的政策措施，但由于政策效应有一定滞后性，加之全球流动性充裕，各种要素成本上升，2011年上半年物价呈攀升之势，CPI涨幅一季度为5.1%，二季度为5.7%，到7月份达到峰值6.5%，这是39个月以来的最高水平，也是1997年以来第二个价格高峰期（第一个高峰期在2008年）；PPI亦于7月份达到峰值7.5%。7月份以后，各项调控政策措施开始见效，CPI和PPI逐步回落，8月、9月、10月、11月 CPI分别回落到6.2%、6.1%、5.5%、4.2%，PPI也分别回落到7.3%、6.5%、5.0%和2.7%。这些数据说明，物价明显出现了向下走的趋势，也说明 CPI和PPI之间有着密切的传导与互动效应。2011年 CPI的增幅为5.4%，比原定计划的4%高出1.4个百分点。

上面讲的是"同比"数据，更能及时准确反映最新的价格变化和更贴近大众感受的是"环比"数据。从环比看，10月份，PPI已开始转为下降，CPI还上涨0.1%，因此不能认为物价总水平到了下降拐点；到11月份，PPI继续下降，CPI也出现了0.2%的降幅，这才意味物价总水平开始进入了下行通道。但是这种下行走势是否能持续下去，到达合理的区间呢？

答案是肯定的。因为有两个重要的基础条件：一是粮食"八连增"。2011年粮食总产量已提前实现了2020年规划要求，粮食储备已超过40%，大大高于国际粮食安全的15%~18%的警戒线。二是一般工业品供应丰足，它和粮食一样，市场总的格局在比较长的时期内都可以保持供大于求。有了这两条，按理说，我们完全有能力防止和遏制通货膨胀。但是问题并不是这么简单，第一，目前物价仍处于高位区间，威胁着占人口绝大多数的中低收入者的实际生活水平。第二，导致物价上涨，不仅有供求关系的因素，还有其他多种因素，包括：经济过热、劳动力成本、土地成本和资源产品价格上升，资金流动性过剩，发生严重的自然灾害，投机炒作成风等国内因素，以及国外热钱大量涌入、大宗商品价格大幅上涨等外在因素。这些因素中，有的是不确定的或突发性的，有的甚至是不可抗拒的。目前国内经济发展不平衡，成本上升压力大，房价又太高；国际经济、政治动荡加剧，通胀率普遍上升，发达国家因债务危机仍在实施宽松的货币政策，致使我国仍然面临着较大的输入型通胀压力。因此人们对 CPI11月份环比下降0.2%、全年同比下降到5.4%是不是通胀下降的拐点有疑虑，通胀仍有可能停留在高位甚至反弹，必须继续坚持各项有效的宏观调控政策不松懈。同时，要进一步改善供求关系，增加城镇居民的收入，完善社会救助和保障标准与物价上涨挂钩的联动机制。这是保障与改善民生、增进社会和谐稳定、促进经济结构调整与加快经济发展方式转变的重大任务。

房价虽然依照国际惯例不纳入统计范畴，但它和物价的关系很密切，一是居住类商品价格是纳入统计的，二是房价的波动直接影响到民众的通胀预期。从2002年以来，我国城市的房价扶摇直上，翻了

几番。经过持续两年的宏观调控，采取了限购、限贷、限价和加税、行政问责等一系列严厉措施，到2011年6月，城市房价开始出现企稳、回落势头。全年全国房地产开发投资61 740亿元，比上年实际增长20.0%，增速比前三季度回落4.1个百分点，比上年回落5.3个百分点；其中住宅投资增长30.2%，增速比上年回落2.6个百分点；全国商品房销售面积109 946万m²，增速比上年回落5.7个百分点；全国商品房销售额59 119亿元，增速比上年回落5.8个百分点。这些都表明房地产主要指标比上年有较多回落。与此同时，保障性住房在2010年建设590万套的基础上，2011年又开工建设1 000万套；住房投资投机得到有效抑制，二手房交易量明显收缩。但是众所周知，目前房价下降的城市，降速慢、降幅也小，房价总体上仍然太高，离合理价格区间还有较大差距。而且房价回落主要是由于政府采取了严厉的行政措施，而不是市场自发调整的结果；加上国内流动性仍然比较充裕、通胀水平仍然比较高，房价反弹的潜在压力比较大。对此我们要有足够的警惕，要继续打"组合拳"，除了坚持上述的"三限"和加税、问责等政策措施外，一要把好土地关，特别是要防止炒地皮和把保障性住房用地改建商品房；二是把好施工关，大力加强监理，严惩偷工减料、弄虚作假，确保工程质量；三是把好分配关，对保障性住房的分配与管理，要有一套严格、完善、公正、透明的分配与管理制度；四是把好反腐关。建筑行业是贪腐最严重的行业之一。从规划、买地、招标到设计、施工、验收，到分配、销售等等环节，都可能存在权钱交易、设租寻租的行为，这不仅毒化风气，危害安全，而且是拉高房价的主要元凶之一，必须大力整肃。

六、在民生建设方面政府做了大量工作，但中低收入者收入水平还比较低，贫困人口还比较多，社保水平也不高，许多民生问题亟待解决

目前我国已进入加快社会建设的新阶段，社会建设的核心内容就是民生建设。民生建设搞得好，经济社会良性运行就有坚实基础。只要政府尽心尽职地为民谋利，公共财政主要用于保障和改善民生，群众就拥护，社会就稳定，建设和谐社会就有保证。2011年我国政府在民生建设方面做出了不少成绩，例如，实行结构性减税，从调整个人所得税（起征点从2 000元提高到3 500元，使6 000万人不再需要缴纳个人所得税）、改征营业税为征增值税，到减免小微型企业税负，到车船税微调等，让企业有条件创造更好的业绩，让老百姓获得更多的实际收入。又如，注重增加低收入者的收入，缩小城乡居民收入差距，包括上调最低工资标准；增加对农民的种粮补贴和良种补贴；水利建设也实行对农民给予更多实惠的政策等。再如，医疗、养老制度改革进一步推进。截至2011年9月底，"新农合"、"城镇居民医保"、"职工医保"三项基本医疗保险制度已覆盖了95%以上城镇居民，参保人数近13亿人，国家新型农村和城镇居民社会养老保险试点参保人数近2亿人，加上地方自行试点，总参保人数达2.35亿人；医疗改革也有新进展，基本药物价格下降了三成，"十二五"期间将完全破除"以药养医"，等等。民生问题涉及面广，历史欠账多，我国的民生建设目前还处于初级阶段，但实践表明我国经济社会发展已从过去重经济轻社会转向经济、社会并重的新阶段。不断解决关系群众切身利益的热点、难点问题，切实保障和不断改善民生，为人民群众谋求更多的福祉，正是社会主义制度的本质要求，是一切工作的出发点与落脚点。

进入2012年，广大人民群众对物价回归合理区间，加大保障性住房建设的力度，加快推进医疗、养老等社会保障事业，创造更多的就业岗位，食品安全、生产交通安全不再令人揪心，文化教育事业上新台阶等等，都有更迫切的期盼。下面着重分析三个热点问题：

一是扩大就业问题。就业是民生第一大事，也是我国经济社会发展中长期需要认真面对的重大问题。尽管2011年新增就业人数超过原定计划，但就业形势仍然严峻，突出的特点是劳动力市场的结构性矛盾越来越突出。一方面大学毕业生人数高达660余万，比上年又增加了30余万，过去每年的就业率

只有80%几，积累下来有待就业的大学毕业生为数就很大，整体上看是劳动力供大于求，具体来说又是"货不对路"（有些专业供大于求，有些专业则供不应求）；另一方面，东部沿海地区近些年普遍遇到"民工荒"，一些中西部城市近年也出现招工难。与此同时，全国需要就业的劳动力又每年有增无减。"十二五"期间，城镇每年需要就业的人数约2 500万人，而社会可提供的岗位数仅1 200万个；农村有1.2亿农民需要向城镇转移，转移规模计划为年均800万人。可见解决就业问题的任务仍然非常艰巨，必须采取更加积极的就业政策，多策并举：(1)结合调整经济结构、产业结构，加快劳动密集型企业、中小企业、民营企业和各种服务业的发展，这是吸纳劳动力就业的主要场所。(2)加强职业能力培训，包括积极支持办好各类职业学校，扩大专业设置和招生规模；组织对农民工的培训，对大专毕业生和企业高层管理人员、企业下岗人员的再培训等等，这是解决劳动力结构性矛盾的根本措施。(3)积极鼓励和扶持有创业能力的人创业，通过创业带动更多的人实现就业。(4)大力倡导大专毕业生和机关企业下岗人员到农村去、到社区去、到基层去就业和创业，这是使他们得到实际锻炼、提高职业能力的好机会。(5)发展和规范劳动力市场，政府部门和大专院校要建立与完善就业服务体系，提供各种就业信息，为各种求职者铺设就业桥梁。

二是缩小收入分配差距问题。改革开放以来，打破了"大锅饭"和平均主义，实行了按劳分配为主体、多种分配方式并存的分配制度，大大激发了社会创造活力，促进了社会财富的极大增加和人民收入水平的普遍提高。但是城乡之间、行业之间、地区之间和社会成员之间收入分配差距不断扩大，分配不公现象日益凸显，已经成为实现经济可持续发展与社会和谐的障碍，也是当前广大人民群众意见最大的问题之一。因此，深化经济、社会体制改革，应该把收入分配制度改革放在首要位置。(1)贯彻"以人为本"的理念，认真落实"十二五"规划提出的"逐步提高居民收入在国民收入分配中比重"。从1995年以来，我国财政收入增幅比GDP增幅高5到10多个百分点

（2011年高出15个百分点），而GDP增幅又高于居民收入的增幅，居民收入在国民收入中的比重比不少国家都低。"十二五"规划明确规定居民收入增幅要超过GDP增幅，这是指导思想上一个重大突破，必须认真贯彻落实。(2)缩小城市居民收入分配的差距，必须"提低、扩中、削高"。"提低"是指在初次分配环节适时提高最低工资和建立工资正常增长机制，在二次分配环节根据市场价格与实际环境的变化由财政或企事业单位发给低收入者一定的补贴或适当改善其福利待遇，在三次分配环节通过各种社会组织的慈善、救助、扶贫行动给最困难的低收入者以实际的帮助。"削高"是指完善与严格执行税法税制，特别是要提高对超高收入者的税率；同时要坚决把垄断行业、国有企业高管的超高工资福利压下来，国企盈利上缴率应从现在的10%~15%提高到国际上一般的60%以上。通过发展经济提高中低收入者的工资福利和财产性收入，以及"提低、削高"等措施，使中收入阶层不断扩大并逐渐形成以中收入者为主体的橄榄形收入分配结构，这就能有力地拉动消费和推动消费结构、产业结构升级，不断增强我国经济增长的内生动力。(3)缩小城乡居民收入分配的差距，必须继续推动农民收入增加的"四驾马车"一起前进，特别是要着力建立促进农民稳定增收的长效机制。2010、2011年农民收入增速分别超过城镇居民3.1个和3个百分点，显示出城乡居民收入差距逐步缩小的可喜趋势，原因就是农民的务农收入、工资性收入、财政转移支付性收入、财产性收入都在持续增长。(4)缩小区域之间居民收入的差距，必须继续加大中央财政对中西部地区的转移支付政策的力度。近几年这方面也有了可喜进展，中西部地区的经济和居民收入都增长比较快。当然，目前比东部地区还有不小差距，需要进一步加强对中西部地区的支持。

三是扶贫问题。改革开放以来，我国减少贫困人口工作取得了举世瞩目的成就，到2010年全国贫困人口减少到2 688万人，农村贫困人口占农村人口的比重下降到2.8%，率先实现了联合国千年发展目标中贫困人口减半的目标。2011年，国家将农民人均

纯收入2 300元(2010年不变价)作为新的扶贫标准,这比2009年提高了92%,按此统计全国贫困人口数量扩大到1.28亿人。同时,国家提出了到2020年扶贫开发总目标:稳定实现扶贫对象不愁吃、不愁穿,保障其义务教育、基本医疗和住房,这个任务十分艰巨,是保障和改善民生、缩小收入分配差距的一个重要内容。实现这一目标,必须贯彻落实开发式扶贫,并且把扶贫开发同农村最低社会保障衔接好的方针。在贯彻执行这个方针时,有几个问题值得注意:(1)扶贫必须"扶"教育,大大提高贫困地区的教育科技水平。这是脱贫致富的根本大计。(2)扶贫必须"输血"、"造血"并举,以"造血"为主。即积极引导、帮助农民发展有条件、有效益的产业,或开发新的特色产业。(3)扶贫必须因地制宜,科学规划。安排项目不仅要有资金、技术、人才,还要充分考虑当地"天情、地情、人情",天气、地理条件合不合适,农民适不适应,市场销售渠道畅不畅通,把每一分钱用在刀刃上。(4)扶贫必须统筹城乡发展。陕西省凤县7年变贫困县为省十强县,主要经验是抽掉横在城乡"两池水"之间的"挡板",在统筹安排城乡经济发展的同时,鼓励农村居民进城落户,实行城乡青年同机会就业、同条件招工,进城农民与城镇居民同样享受保障性住房入住权,实行城乡公共服务(包括教育、医疗、养老等)均等化。(5)扶贫必须积极引用好外力。不仅鼓励社会捐钱捐物,更要鼓励企业发扬爱心与社会责任感,在贫困地区投资办企业办事业,不拿盈利,最多只收回本金。正如诺贝尔奖金获得者尤努斯在2011年全球社会企业峰会上所说:"现行的市场制度使3亿多穷人不能发挥潜能。与其去乞求华尔街大佬们,去等政府援手,不如我们牵起手来,与愿意帮助穷人的企业家们一道,找出创新的方式来消除贫困。"(6)扶贫必须首先解决广大农民最迫切需要解决的困难问题,如饮水污染、不通路、不通电等。但是做任何事情都不能以破坏生态环境为代价。(7)扶贫必须配备强的领导班子,要关心爱护当地干部(包括教师、医生等),帮助他们提高素质,适当提高他们的工资,建立老少边穷地区工资上浮机制。

七、对外贸易又好又快发展,调整外贸结构、转变外贸发展方式取得较好成效,但由于外需急剧下降和出口贸易磨擦日益加剧,2012年面临的外贸形势更加复杂严峻

2011年,我国进出口总值为36 420.6亿美元,同比增长22.5%;其中出口18 986亿美元,增长20.3%;进口17 434.6亿美元,增长24.9%;进口增速高出出口增速4.6个百分点。贸易顺差收窄14.5%,占国内生产总值的比重只有2%左右,处于国际公认的贸易平衡标准的合理区间。出口结构有明显改善,出口商品的质量、档次和附加值有较大提升,价格有较大提高,因质量问题被通报或被召回的减少二三成;出口商品具有自主品牌、技术和高端服务的,占比明显扩大;出口市场,欧美日以外的占到56.3%;出口主体,民营企业大幅上升到30.5%;贸易方式,无论进口或出口,一般贸易都大幅上升到52.5%;地区出口,中西部的增幅明显高于沿海地区,出口比重提高到近12%。总之,2011年进出口贸易,增长速度正常回落但仍是高增长,增长质量则明显提高。此外,2011年实际使用外资1 160.11亿美元,同比增长9.72%;新批设立外商投资企业近2.8万家,同比增长1.12%;境内投资者对全球132个国家和地区3391家境外企业非金融类直接投资600.7亿美元,在全球178个国家和地区设立对外直接投资企业1.8万家,累计实现非金融类对外直接投资3 220亿美元。

为应对更加复杂严峻的外贸形势,国家已经采取了稳定出口退税、稳定汇率、稳定加工贸易政策等举措,并加大对出口企业的扶持力度。此外,工作中还要注意以下几个问题:(1)大力挖掘扩大出口的积极因素。出口对经济增长、扩大就业、社会稳定至关重要,一定要保证出口有较大增长。不仅要守住现有的出口市场,更要积极拓展新的出口市场,包括非洲、中东、中亚、东南亚、拉美等。这些新兴市场有很大潜能,切勿以量小、费事、情况不熟悉而不为。现有的出口市场也有拓展余地,即使这些地方经济不景气,日用生活用品与一般工业品总还是不可或缺的,

只要狠抓产品质量、品牌和创新，一定可以守住这些市场，还可以以我们的质量好、成本低和生产上的优势同其他出口国家一争，扩大我们的市场阵地。加工贸易是出口的重要组成部分，能够容纳大量劳动力，这方面我们又有多年经验和成本低的优势，应坚持做好，促进其技术升级，并逐步向中西部地区转移，以推进中西部地区的开发。出口企业要趁外需萎缩之机狠抓"三改一加强"，提高自身的竞争力和抗风险能力。(2)多方努力扩大进口。这是推动自主创新、发展高新技术产业、改造提升传统制造业的重要举措，也有助于实现贸易平衡、缓解贸易磨擦，有助于拉动世界经济增长。扩大进口，一要扩大进口的范围，包括先进技术、先进装备、各种战略物资等；二要扩大进口的国别，不仅扩大从发达国家进口，也要扩大从新兴国家和长期贸易逆差的发展中国家进口；三是扩大引进优秀的技术、管理人才。还可以利用外汇派有一定学历资历和实际工作经验的专家出国对口进修、实习、学习，这实际上是另一种"进口"、一种引进高端人才的重要举措。扩大出口和进口，都要有相关的鼓励与支持政策。(3)大力发展服务贸易。我国服务贸易比较落后。目前，以服务外包、现代服务业为主要内容的国际性服务产业，正在从欧美向发展中国家转移，我们应抓住这个机遇，制定相关政策，争取更多承接过来，以促进服务业更好发展和经济结构的优化，这也有利于为每年几百万大学毕业生提供高端的就业岗位。我国服务业在海运服务、劳务出口、旅游等行业具有一定的国际竞争力，但在金融保险、电信服务、航空服务、咨询、文化等产业的国际竞争力与他国相比就有很大差距，应当着力加强。(4)积极应对出口贸易磨擦。2011年以来，涉及我国出口产品的贸易磨擦加剧，不仅劳动密集型产业而且新兴产业如通讯、光伏太阳能等商品都受到冲击。对此，除有关企业要积极应诉、贸促系统要积极做好商事法律服务外，企业切实保证与提高出口产品质量、适时调整产品结构也很必要。贸促系统还要通过在境外举办和组织企业参加各种展览会以及其他形式，帮助企业熟悉当地法律和其他情况、培养出口品牌、争取签订更多出口合同。

八、在各个领域,都存在贪污腐败和挥霍浪费现象,必须大力整治

我国现在百事待兴，需要用钱的地方很多，但贪污腐败和挥霍浪费吞噬了大量发展与改革的成果、大量社会财富与人民的血汗。贪污腐败人人喊打，挥霍浪费却往往习以为常。到处都是"金碧辉煌"、"流光溢彩"、大吃大喝，花钱如流水。有的领导人还以炫富为荣、以节俭为耻。许多事情同我国还是一个发展中国家、还有1亿多贫困人口这个基本国情很不相称。必须加以大力整治，从法律上、体制制度上来解决这个问题，必须重新宣传"勤俭节约是中华民族的传统美德"，重新强调"艰苦奋斗，勤俭建国"。政府部门本身尤应作出表率，坚决精兵简政，大力压缩行政开支尤其是"三公消费"，坚决不搞"形象工程"，不搞脱离人民群众的高工资高福利，不建豪华办公楼和超标准的楼堂馆所，不办滥立名目、劳民伤财的节庆活动，把老百姓的血汗钱真正用在调整经济结构、转变发展方式上，用在扶贫和改善民生上。

对我国2012年的经济发展，国内外有关机构都有分析和预测。预测的结果虽然程度上有差别，但主流的观点都认为，形势比2011年严峻，经济增长将继续放缓，存在的一些主要问题尚需一段时间逐步解决。笔者的看法是：2012年我国经济增长将呈前低后高之势，缓缓"软着陆"，不会发生"硬着陆"；商品房价格泡沫不会突然破裂，而是"慢刹气"，逐渐下降，降到合理的价格水平需要两年时间左右；至于有人散布2013年我国将发生经济危机，则纯属"杞人忧天"的耸人听闻。可以肯定，中国经济将会在较长时间内保持平稳较快发展的格局，平均增速约在7%~8%左右，不会发生什么危机。笔者预测2012年我国主要经济指标是：GDP增长率为8.4%左右；新增就业人数1 100万~1 200万人，城镇登记失业率4.3%左右；物价、房价都进入下行通道，物价上涨4%左右，商品房价格降幅为20%左右；进出口贸易增幅约为12%~15%，进口与出口大体平衡；城镇居民人均可支配收入增长8%~9%，农村居民人均现金收入增长超过10%。相信只要不发生重大的突发事变，扎扎实实地工作，这些指标是可以实现的。

2012 年中国对外贸易 形势严峻

杨水清

(对外经济贸易大学, 北京 100029)

一、2011年中国贸易顺差显著收窄

据海关统计, 2011 年进出口总值 36420.6 亿美元, 比 2010 年同期增长 22.5%。但 2011 年中国外贸顺差显著收窄, 中国贸易顺差 1551.4 亿美元, 比上年净减少 263.7 亿美元, 收窄 14.5%。今年是中国贸易顺差连续下降的第三年, 顺差额达到 2006 年以来的最低值。如图 1、图 2 所示, 2011 年全年中国进出口同比增速呈现"前高后低"的走势, 中国进出口差额逐渐缩小, 出口同比增长幅度明显小于进口同比增长幅度。从全年来看, 出口和进口分别增长 20.3% 和 24.9%, 相对 2010 年的 31.3% 和 38.9% 有所下滑。这说明在海外需求疲软与投资下滑的双重作用下, 全年出口总值与进口总值均表现欠佳。

二、2012年中国贸易形势展望

2012 年世界经济形势不容乐观, 国内外经济环境变化对中国外贸的影响仍在继续, 加之与日俱增的市场不确定性, 贸易顺差还会继续收窄, 中国外贸形势将非常严峻。商务部副部长钟山近日也表示, 国际市场外需不足, 国际竞争更加激烈, 今年我国面临的外贸形势更加复杂严峻, 其主要风险来自于日趋复杂的外部环境。

(一)从外部来看, 欧美债务危机四伏, 全球经济挣扎在衰退的边缘

从外部环境看, 欧盟与美国作为中国进出口的主要国家, 2011 年欧盟、美国与中国的贸易总额为 101 385.95 万亿美元, 占中国进出口总额的 27.84%。但

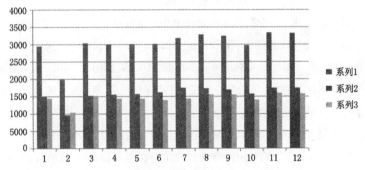

图1　2011年中国外贸月度进出口增长情况
数据来源:中国海关统计
注:系列1代表进出口总值,系列2代表出口总值,
系列3代表进口总值　单位:亿美元

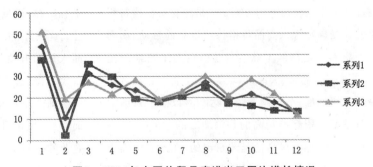

图2　2011年中国外贸月度进出口同比增长情况
数据来源:中国海关统计
注:系列1代表进出口同比增速,系列2代表出口同比增速,
系列3代表进口同比增速

欧美债务危机四伏，短期内难有根本性转机，全球经济难以摆脱增长缓慢之痛，挣扎在衰退的边缘。同时，国际金融危机深层次矛盾尚未有效解决，一些固有矛盾又有新发展，世界经济健康稳定复苏面临诸多变数。世界经济增速继续回落，受世界经济减速影响，中国外部需求将会走弱，出口增速将继续回落，2012年中国出口增长将比2011年明显放缓。美银美林预估认为，"未来几个月，由于欧元区经济更为疲软，出口增速可能进一步回落到9%或8%的水平"。对于进口而言，受国内经济增速放缓及大宗商品价格回落的影响，其同比增速也将有所放缓。

(二)从国内看，经济发展中的一些深层次矛盾依然存在

经济增长速度有所回落。从年度看，2010年中国GDP增速为10.4%，据2011年9月国际货币基金组织(IMF)发布的《世界经济展望》预测，2011年中国GDP的增速为9.5%，比上年回落0.9个百分点，从季度之间的同比增速看，第一季度中国GDP的增长是9.7%，第二季度是9.5%，第三季度是9.1%，从2010年第三季度到2011年的第三季度，已经连续一年多保持在9.1%~10%之间。

促进结构升级的基调。从政策方面看，在促进结构升级的基调下，预计2012年出口政策会保持平稳，不会有太大退税或全面优惠。同时鼓励进口的政策将继续实行，预计进口增速仍将高于出口。

要素成本进入集中上升期，企业经营压力持续增加。主要表现在三个方面。一是原材料价格持续攀升。受国际大宗商品价格持续走高的带动，国内生产资料价格持续上涨。二是劳动力工资继续提高。2011年，北京、天津、深圳等31个省市相继调整最低工资标准，平均调增幅度达20%以上。目前中国月最低工资标准最高的是深圳市的1 320元，小时最低工资标准最高的是北京市的13元。深圳市人力资源和社会保障局局长王敏透露，深圳计划明年1月提前调整最低工资标准，涨幅有望达15%。招工难和用工成本不断增加成为当前困扰企业经营

的一个突出问题。三是融资成本上升。2011年央行三次加息，5年期以上贷款的基准利率从2010年年底的6.4%，涨至2011年底的7.05%。央行六次上调存款准备金率，一次下调存款准备金率，调整后大型金融机构存款准备金率为21%。存款准备金率上调，导致银行资金会更进一步紧张，对下游的中小企业资金来源会加大压力。加息导致企业的融资成本增加，其流动资金紧张。包商银行董事长李镇西坦言：2011年银根紧缩，中小企业融资难这个老问题更加突显。在中国现阶段，占企业总量不足0.5%的大型企业，其贷款数已占贷款总数的50%，而占企业总量88.1%的小型企业，则还不足20%。这说明现阶段中国贷款结构存在一定的不合理性。与此同时，银行趋利避险的商业属性便将中小企业挡在了门外，特别是在国家银根不断紧缩，银行变得更加挑剔的这种大背景下，中小企业贷款也就难上加难。

人民币升值压力较大。据国际清算银行2011年12月16日公布的数据，2011年初至11月末人民币实际有效汇率(对一揽子货币)升值4.69%，同期人民币兑美元中间价升值3.30%。传统的观点认为，人民币升值最直接的影响就是出口价格相对提高，意味着出口产品在国外价格竞争力下降。但是人民币升值对各行业的影响是较为复杂和多角度的。整体而言，人民币升值主要对两类行业产生不利影响：一是出口比重较大的行业或原材料从境内采购(包括纺织、服装、家电、造船、化工、有色金属和医药等行业)；二是进口替代(竞争)型的行业(包括汽车、工程机械、钢铁、煤炭、石油天然气开采、化工等行业)，这些行业的产品和国外进口产品竞争较为激烈，而人民币升值以后会导致国外进口产品以人民币报价下降，进而影响到这些行业的盈利水平，从而影响到企业对外接单。但对进口依存度较高的企业而言，人民币升值降低了进口换汇成本，进而改善企业的盈利状况。

根据中国海关公布的"中国出口重点商品量值表"(表1)，机电产品、高新技术产品在中国出口产品中比重超过五成，2011年，机电产品出口、高新技

中国年度出口重点商品量值表(单位:千美元) 表1

商品名称	2011年出口金额	同比增幅	2010年出口金额	同比增幅
机电产品	1085,477,758	16.3%	933,342,870	30.9%
高新技术产品	548,788,376	11.5%	492,413,917	30.7%
服装	153,220,089	18.3%	129,478,318	20.95
纺织品	94,668,682	22.9%	77,051,474	28.4%
自动数据处理设备	176,284,836	7.5%	163,952,991	34.0%
钢材	51,266,217	39.2%	36,819,320	65.3%
手机无线电话机	90,696,718	32.4%	68,502,715	23.2%

数据来源:中国海关统计。

术产品出口累积金额同比增加16.3%和11.5%,相对2010年的30.9%和30.7%下滑幅度较大。作为纺织、服装业大国,中国的服装出口、纺织品出口累积金额同比增加由2010年的20.95%和28.4%下滑至2011年的18.3%和22.9%,钢材出口金额同比增幅幅度变化最大,由2010年的65.3%下降到2011年的39.2%。这表明在人民币实际有效汇率升值、外部环境不理想的情况下,出口比重较大的行业与进口替代(竞争)型的行业受到了较大的冲击,2012年这些行业将面临着更大的生存阻力,不利于中国的出口贸易。

(三)切实加快外贸发展方式转变,实施中性化的汇率政策

国际经济复苏乏力、欧债危机不断蔓延,2012年世界经济将低速徘徊,中国经济增速将进一步放缓,进出口增速将进一步减弱。针对当前依然复杂的国内外形势,必须促进对外贸易稳定增长、优化进出口结构和实施中性化的汇改政策。

第一,要保持外贸政策的基本稳定,注重改善中小外贸企业的融资条件,及时帮助企业解决实际困难,努力营造对外贸易稳定发展的良好环境。

第二,要切实加快转变外贸发展方式。首先,外贸发展方式要向有利于解决结构性失衡问题的方向转变。降低耗能、污染、浪费水资源相关产业的出口比重,升级传统出口产业,提升服务贸易比重。其次,随着劳动力成本上升,出口鼓励政策退出,廉价劳动力的比较优势会逐步减弱,部分出口产品将会失去比较优势,向资本密集型与技术密集型产品转

移将会加快(彭磊,2004)。因此,外贸方式的转变需要弱化出口产品的劳动力因素,强化资本和知识对出口产品的贡献度。

第三,要实施中性化的汇率政策。分析表明,人民币实际有效汇率升值将不利于机电产品、高新技术产品、服装、纺织品等商品的出口,目前这些商品占中国出口份额的六成以上。因此,在当前情况下,人民币升值导致的预期损失很大,贸然行事的人民币汇率变动将事与愿违。人民币实际有效汇率每贬值1%,会直接引致我国出口数量增速提高0.85个百分点、出口价格下降0.16个百分点(卢中原等,2010)。汇率政策中性化能够打破外贸企业对原有汇率制度的依赖,以外部压力的方式,促使其提升自身竞争力,达到优胜劣汰的效果。

参考文献

[1]魏磊,蔡春林.后危机时代我国外贸发展方式转变的方向与路径[J].国际经贸探索,2011,27(2):13-20.

[2]彭磊.贸易结构优化三阶段论及我国所处阶段的实证检验[J].国际经贸探索,2004,20(1):4-9.

[3]卢中原,隆国强,李建伟,王彤.人民币实际有效汇率波动对我国出口的直接影响[J].中国经贸,2010(7):44-47.

[4]李健.我国进出口政策调整及银行的对策研究[J].金融教学与研究,2008(4):30-32

[5]谭小芬.人民币汇率改革的经济效应分析[J].经济学动态,2007(7):53-58.

2012 钢材市场展望

孙治国，任海平

（中国国际交流促进会，北京 100600）

2011 年的钢材市场，扑朔迷离，跌宕起伏，利润微薄，压力剧增。展望 2012 年，是转机还是进一步艰难，众说纷纭。国际上的欧债危机或将继续发酵，国内的楼市调控也可能延续深化，未来将是一幅怎样的市场画卷？然而，市场的最大魅力往往就在于它的不确定性，我们既要耐心等待，更要精心筹划。在钢铁市场仍感寒意之时，我们深信，冬天到了，春天还会远吗？

一、2011年钢材市场综述

2011 年初，钢材价格承接上一年的空涨，但上涨的好景不长，2 月见到短期的顶部。再经过 3、4 月份的短暂调整后，钢价在 2~3 季度总体上保持高位运行，但这种"欲上不能，欲下不忍"的平衡在 9 月下旬终被打破。这种平衡的打破是长期较量的结果，一旦一方的力量比另一方更强大，选择方向后的运行幅度将是相当的惨烈，而事实也充分证明了这一点。2011年，固定资产投资继续保持稳定较快增长，对长材价格的拉动异常明显，年初的机械行业销售也使人眼睛一亮。相对应的钢材品种：螺纹、线材、热卷和中厚板呈现较强表现。但随着下游需求的放缓和新生产能力的涌入市场，这些领涨的品种在 9 月份后遭遇大幅补跌，价格跌回至 2010 年11 月份的水平。在汽车、家电行业增速放缓和相关品种产能大幅增加下，冷轧、镀锌呈现"冰火两重天"，价格低迷，在 2011 年划了一根近似的水平线。

2011 年的新增粗钢产量比上一年增长 9% 左右，但据 Mysteel 统计的社会库存来看，总体上却持平，部分月份甚至更低。这说明作为钢材中间库存的"蓄水池"作用在降低，贸易商在资金面总体偏紧、钢价难以大幅上涨的形势下，主动和被动地选择了降

低库存来保持一定的流动性。同时，在政府房地产持续调控下，房地产市场成交低迷，房价逐渐调整，贸易商用来质押融资的"死水库存"也在降低。在国外形势较为严峻，国内经济增速持续放缓，通胀回落的大局下，央行选择下调存款准备金率，缓解实体经济对资金的渴望，货币政策的拐点或已开始。钢价未见好转，政府也表示房地产调控不放松，这些都使得库存仍维持低位徘徊。只有影响库存的因素改变，库存低水平的状态才会变。

焦炭价格受制于炼焦煤价格的坚挺和产能过剩，总体运行平稳。废钢由于总体资源较为紧缺，价格也总体较稳。铁合金先涨后回落，运行相对偏弱。在 2010 年，"矿价领先钢价涨" 让我们记忆犹新，但 2011 年，"矿价跟随钢价跌" 让我们难以忘却。2011年9 月份后，在国内宏观调控的持续影响下，加上欧美债务危机的不断升级，铁矿石市场在钢材价格下跌的带动下出现了大幅下跌。随后，在信心的恢复和钢厂再库存的拉动下，铁矿石价格宽幅震荡，目前铁矿石价格总体保持平稳，上下两难。

从钢材期货上市以来，它与钢材现货、电子盘和股票市场就表现出千丝万缕的联系，由于处境的特殊性，因而它既具有商品属性，又具有金融属性。整体来看，四个市场的走势大体一致，但具体到某个特定时期，涨跌的方向和幅度却存在巨大差异，譬如，2011 年的 3 月份至 5 月份，股票市场大幅走低，但钢材市场由于处于全年的旺季，价格不但没有走低，反而呈现小幅上扬的格局。由于金融市场的持续弱势，钢材期货相对于现货的贴水处于一个较高的水平，较高阶段在 400~500 元/吨，当然这也体现了期货的价格发现作用。随着交割日期的临近，期货价格得向

现货价格回归,这样大的贴水幅度也就难以维系,市场选择了现货价格小幅下跌,期货价格小幅走强的形势来修补这种非常态的价差。2012年的期货市场仍将大幅波动,虽总体方向与其他三个市场基本一致,但在不同的阶段会呈现独立独行的运行态势。

二、2012年钢材市场展望

大致可以判断,钢材价格从2011年9月份开始的大幅下跌到11~12月份的横盘弱势震荡,调整幅度已基本到位,继续往下的空间不会太大。但钢价重拾涨势的时间暂不具备,综合分析,预计价格出现转折的时间窗口会在2012年1季度后期。由于经济增速放缓和外围形势的不确定性仍较多,导致钢材出口形势难以乐观,加上2011年钢价整体上处于相对的高位,因此2012年钢价重心预计比2011年下降5%左右,全年钢价呈现"前低后高"、重心逐步抬升之势。具体来看,2012年开春之后,国内货币政策或将逐渐转向适度放松,换届后的地方政府渐显投资冲动,2011年未完成的保障房将加快施工力度,2012年700万套保障房开工任务也将提上日程,并拉开序幕,这使得固定资产仍将保持较高增速(预计全年固投增速在20%左右,比2011年下滑3~4个百分点),从而拉动建筑钢材为代表的钢材需求,推升钢价。之后或将呈宽幅震荡之势。

钢铁供需方面,预计2012年中国粗钢产量在7.3亿t左右,比2011年增加约4 500万t,增幅在6%左右。由于出口形势较为严峻,下调钢材出口量至4 000t左右,进口量大致与2011年的1 500万t持平,净出口2 500万t。粗钢表观消费量预计在7亿t左右,增幅6%左右。

进入2月中旬,在央行下调存准率的重大利好刺激下,国内钢价整体呈现止跌企稳迹象,自从上旬以建材为首的钢价一周暴跌100~180元之后,华东地区部分市场螺纹钢、线材纷纷跌破4 000、3 900元多重关口,创出2011年10月份以来的新低。在中短期内,中国的钢材市场主要目光还是终端需求面的变化,没有需求谈什么都是空的。从近期情况来看,

房地产调控继续趋严,房价全线下跌、成交毫无起色,新开工商品房项目屈指可数,保障房的建设和推进也进展缓慢,虽然政府一再在融资上打气,但至少现在来看难有变化;家电、汽车自从"以旧换新"退出之后,新的刺激政策还在等待;铁路建设不但资金少,而且计划新开工项目也是成倍的被砍掉,水利水电眼下不是建设旺季,基本可以忽略。唯一可看的是中西部大开发的基建需求,但目前也仅仅存在于规划当中,具体实施还需等待进一步观察;如此看来,至少在二季度,钢市的需求面预期基本上是呈现弱势的,难以抱有大的希望。在成本方面,此前钢价违反预期大跌,虽然有所反弹,但成交并未全面跟上,后面紧跟着的恐怕是止涨回落了。而原材料方面反应相对较慢,目前钢材市场延续去年末的低迷,钢厂和贸易商普遍陷入亏损买卖的阶段,估计刚刚开始的产能有很大的几率转头回落;钢厂在原材料的采购方面意愿也就相对减弱;原料市场的清淡低迷,使得商家难以找到涨价的理由,在钢材需求面不好转的情况下,进口矿等原材料价格难以实现趋势性反弹,对钢价的钢性支撑力度也在慢慢的减弱。综上所述,后期钢材市场在需求面未起的情况下,对国际国内宏观消息的反应也不会太过敏感,钢价也将在新一轮钢厂政策的带动下,再有一段时间的空涨后估计将重回二次触底通道。

三、近期钢价有望震荡企稳

中钢协统计数据显示,2月上旬全国粗钢日均产量为170.45万t,环比上升1.91%,而1月份全国粗钢日均产量为167.98万t,环比下降0.18%,年化产量为6.13亿t。以国内保守估算的粗钢产能8亿t测算,目前国内粗钢产能利用率仅为76.6%,处于历史较低水平。但即便如此,近期国内市场库存仍持续攀升,全国建筑钢材库存量已创下历史新高,足见市场需求是何等低迷。后期需求转好后,需要重点关注国内粗钢产能释放率将以何种方式回升。

库存方面,截至2月17日,国内钢材主要城市社会库存为1 899万t,库存比前一周增加50.93万t,

环比增加2.7%,钢材社会库存已经超过去年同期水平,但本期库存增加速度较前期连续3周100万t以上的增加速度有所放缓。截至2月17日,国内螺纹钢社会库存为849.51万t,较前一周增加38.87万吨,环比增加4.8%。从数据来看,最新库存增长速度开始放缓,说明下游消费有所启动,后期需重点关注库存是否将转为减少。

需求方面,随着天气的好转,工地陆续开工,终端需求也开始回暖。截至2月17日,终端采购量为2.46万t,2万t左右的周终端需求达到了年前较为正常的水平。按往年规律,随着气温的进一步回升,后期终端需求仍将继续上升。

毛利方面,由于需求低于预期,而资金、库存压力又较大,上周螺纹钢现货价格继续下行。截至昨日,螺纹钢全国均价为4 157元/t。随着铁矿石价格的下行,螺纹钢按现货矿计算的生产成本有所减少。按现货矿计算,2月21日HRB335螺纹钢成本约为4 021元/t。按全国均价来计算,2月21日螺纹钢毛利为135元/t。螺纹钢利润从历史低点开始回升,说明螺纹钢成本支撑较为有效。但从历史数据来看,目前螺纹钢估算毛利仍然处于历史低点附近。因此,如果后期原材料成本没有较大幅度下降,螺纹钢价格下行空间有限。

2月中旬螺纹钢1205合约下跌3%,焦炭1205合约下跌1.54%,但预计继续下跌空间不大。一方面,存款准备金率下调对于资金饥渴的银行和地产行业来说无疑是一大利好。另一方面,从基本面数据来看,钢厂利润仍然处于底部附近,社会库存虽然仍在增加,但增加速度开始放缓,终端需求也开始逐渐回暖。综合来看,在资金面逐渐宽松、需求逐渐启动的情况下,螺纹钢期货有望振荡企稳。

从去年9月至今,国内钢价的调整已近半年,累计跌幅超过800元/吨。虽然央行近期宣布下调存准率,给市场带来流动性利好,但业界人士认为钢价的真正反弹,还是要等到3月份天气转暖、季节性需求回升之后。监测显示,2月21日国内钢材报价达4 050元/吨,部分中小贸易商二级螺纹钢的实际成交价格,已经在4 000元/吨以下。这样低迷的市场行

情,让钢铁公司承受巨大压力。在第五届钢铁物流合作论坛上,包括武钢、马钢和济钢在内的多家大中型钢厂高管,均表示今年1月仅仅实现"微利"。这个微利有多微?去年钢铁业利润率为2.4%,已是工业垫底水平。而今年开年,部分钢厂的利润同比又下降了50%,处在盈亏平衡线上。钢价低迷,最主要的原因是需求不振。中国钢铁工业协会分析称,当前全国多数地区仍处于低温季节,户外开工有限,且由于房地产市场的持续调控,1月全国70个大中城市新房价格环比全面停涨,新开工项目下降的概率加大。制造业也面临需求放缓的格局,像1月汽车销量只有139万辆,同比下跌了26%。

在需求不振的情况下,虽然市场流动性有所改善,但钢价仅仅是企稳,真正的反弹尚未到来。对于全年的形势,业界保持谨慎乐观。受宏观经济下行影响,今年钢价的重心可能比去年下移300元/t。但即便如此,在有边际利润的情况下,部分钢厂仍会选择扩产。预计我国粗钢产能很快会达到创纪录的8亿吨,过剩压力如影随形。在供大于求的情况下,很多钢厂选择涉足下游的物流、贸易和配送等环节,加速从制造商向服务商转型。中国物流与采购联合会的统计显示,当前钢厂的钢材直销比例已从过去的40%提高到70%,很多中小钢贸商因此失去市场空间。年底低价购进、年初囤货待售、年中加价抛出,曾是一些钢贸商的主要经营模式。但在钢价的持续下行、甚至与出厂价倒挂中,这种模式受到重创。而与此同时,一些大型流通商利用其品牌、资金和网络优势,发展速度远超行业平均水平。在经营两极分化的情况下,一场钢材流通行业的大洗牌已经拉开。

四、钢贸企业急需转型

目前,不管是大公司还是小公司,也不管经营的品种是建材、板材或者多品种兼营,钢贸企业的盈利情况都不如往年。2月8日至2月20日,西本钢材指数由4 230元/t跌至4 050元/t,跌幅达180元/t。直到近两日,钢价才有所企稳。库存高企,下游需求不济,钢价持续下滑,目前钢厂的盈利情况不好,钢厂都是

"泥菩萨"过河,钢贸商要想从中获得一杯羹,自然是比较困难。因而,钢贸商销货不畅,资金压力又大,面临生存困境。

在接连出现企业主"跑路"事件后,钢贸行业最近也是有些风声鹤唳。源自房地产调控和银根紧缩的压力,已经从温州地域性集中爆发开始向单一行业蔓延。春节前,有着钢贸背景的福建建阳市上海商会名誉会长、原秘书长、上海和煦钢铁有限公司董事长,以及在江苏无锡钢材贸易行业颇有影响力的福建周宁籍老板——无锡一洲集团董事长先后潜逃,留下巨额债务有待清理。近年来,一些钢贸商在各地建钢贸市场,打着钢材交易的幌子,循环囤地融资,利用钢贸市场土地增值、房地产投资以及放高利贷等方式,不断弥补融资成本。银行则围绕钢贸市场定制了很多创新的信贷融资产品,为了迅速做大业绩对风险视而不见。所谓"只要房地产不跌,这个游戏就可以一直玩下去。"但中央一再表明坚持房地产调控的决心,或将中止这一游戏。钢贸商的"跑路",也或将成为钢贸市场贷款崩塌的一个起点,给银行敲响了警钟。目前仍难以估计银行可能蒙受的损失,但值得重视的,是所暴露出的银行制度性风险与操作性风险,尤其是商业银行基层经营乱象。

业内人士称,国内钢贸流通企业经过十多年的发展,已分化为三个层次。最底层是单一的钢材贸易商,主营产品只有钢材;中间层是注重产业链延伸的钢贸企业,这类企业以钢材贸易为主业,有的还向下游产业延伸,业务涵盖钢材加工、配送、物流等,有的向上游延伸,拥有钢铁企业,直接生产钢材。"最高层的钢贸企业其实是个空壳,将企业当做一个融资平台——买地买楼放高利贷。这种模式运作好多年了。"跑路"的钢贸商都是在最高层,他们不断放大资金杠杆,一旦某个环节出了问题,资金链断裂,只好"跑路"。一位熟悉钢贸业运作的担保公司人士称。

五、钢贸企业如何过冬

总体而言,从目前市场钢材价格走势看,钢市已进入熊市,在熊市中,钢材价格将是一个不断寻底、不断反弹后,再次向下的过程,钢贸企业的经营难度大幅增加。对此,钢贸企业需有充分的思想准备,必须改变以往的经营方式。钢贸企业要改变过去依靠规模扩张来取得经济效益的做法,而要取得规模和效益的统一,始终把效益放在第一位,在产业链的延伸上做文章。同时,要变库存销售为主,转为合同销售为主,要在服务的差异化上做文章。另外,还要将钢材代理经销、锁定钢材资源月销量,转为放弃钢材代理,建立厂商合作新关系。要不断调整不同的钢厂,保证同类性产品进货成本低、资金使用少、资金周转快,在供需双方都能共赢收益上做文章。

钢贸企业要平稳过冬,就要强身健体,加强内部管控,如制定更完善的制度管理体系,让企业管理职能发挥到位,开源节流,增强自身实力;注重企业文化建设;树立度过严冬的信心,还需"坚守屋内,躲避风雪",即恪守阵地,别盲目投资、改行;压缩库存,按订单销售;谨慎选择代理,不盲目扩张。钢贸企业还要储备好过冬的"粮食",保证资金链不断,如制定明晰的企业发展战略,不盲目投资和盲目扩张;加强资金的统一管理和使用监督,有效筹集和利用资金;利用销售淡季,盘活资产存量,及时收回应收账款;最重要的是一定要建立风险防范机制,增强风险抵御能力,营造良性运行的资金链。特别是企业要共同协作,信息共享,共同开发市场,形成企业联盟,提高核心竞争力,共同应对寒冬的来临。钢贸企业抱团,可以改变目前行业间无序竞争的局面;可以形成合力,增强与钢铁生产企业合作中的话语权;可以增加融资渠道,形成企业联盟,提高在银行的授信力度。

同时,对未来要充满希望。中国发展仍处在大有作为的重要战略期,这样一个基本格局没变;中国市场是全球最具活力的市场,这样一个基本市场没变;钢铁作为钢铁结构主要材料的情况没变,所以对中国钢铁行业的发展要充满信心。尤其是钢铁行业将进入转型升级的新阶段,"十二五"期间,钢铁企业将面临着发展的机遇。分析"十二五"期间用钢行业的新需求,有利于制订钢铁企业的新目标。"十二五"期间,用钢行业有变革动力,钢铁业就有发展机会。⑤

国有建筑企业
人才流失现象分析及对策研究

程惠敏

(中国建筑第二工程局核电分公司, 广东 深圳 518035)

摘　要:人才是企业发展的永恒支柱,如何培养和留住优秀人才是国有建筑企业实现跨越发展的重要课题。本文针对国有建筑企业人才流失的问题以及对企业带来的影响,对导致企业人才流失的原因进行分析,并有针对性地提出人才流失的应对策略,以实现企业与人才建立一种长期稳定、和谐的合作关系,促进企业与人才的共同发展。

一、现状分析

1.问题提出

在当前开放、竞争的市场环境下,为企业及员工创造了双向自由选择的环境, 国有建筑企业不再像计划经济时代"铁饭碗、国字头"那么具有吸引力。企业重视人才,同时人才也在选择企业,他们看中的更多是个人的发展空间以及和自己价值相匹配的经济收益。但当前我国建筑企业多以项目建设管理为主,在企业管理及人才发展规划、培养上的投入并不是很理想。同时,与建筑行业相比,相关行业如房地产行业、工程设计行业、工程咨询行业等的薪酬福利相对要高、工作及生活环境要更为舒适。所以更多的人才把国有建筑企业作为职业生涯的一个跳板,经过项目建设管理的实践培养成为"成手"后,更多的选择了离开。长此以往,对企业的凝聚力、核心竞争力都会产生极其消极的影响。

2.影响分析

一般来说,合理的人员流动会给企业注入新鲜的血液,给企业带来活力和生机,对企业知识更新和创新有所帮助,有利于企业持续不断地改进和提高,使企业在建筑施工技术、项目建设管理、企业管理理念等方面得到创新和发展。

但关键人才流失就会给企业带来极大损失和风险。人才的流失会给企业在人力成本投资和管理上带来损失,增加了招聘、培训及新进员工适应岗位期等潜在损失等, 在管理上新进员工需要一定时间的适应期和磨合期,期间无法发挥相应的协同作用。同时人才的流失会给企业带来其他的风险,人才一般掌握着企业的关键技术、核心管理理念或大量的资源信息, 如果这些人员带着这些资源进入竞争对手的企业将对企业的发展带来极大的风险或甚至危急到企业的生存。

二、原因分析

据统计,国有建筑企业人才流失对象主要是企业的中、高级管理人员和技术骨干,而这些人员的平均年龄都在 30~45 岁,应该说这些流失的人才在企业当中扮演着重要的角色。但造成这些员工流失的主要原因可以分为两部分,一部分是外部环境原因,一部分是企业内部环境原因。

1.外部环境与人才流失的相关性分析

(1)外部就业环境的开放性

当前社会讲求自由、公平,市场给了企业和员工自由、平等的选择空间,员工可以通过多渠道的方式获得职位需求信息,例如网络平台、报刊杂志、宣传海报等,同时企业也可以通过中介猎头公司寻求所需的中、高级人才。

(2)外部竞争人才的需求

企业竞争的关键是人才的竞争,尤其是市场经济突飞猛进的今天,民营企业、外资企业在市场上迅速发展壮大,人力资源的短缺是必然的,尤其是人才的稀缺,因此在市场竞争前的第一场竞争就是人才争夺的竞争。

(3)国有建筑企业的光环逐步在市场经济中被削弱

随着社会的进步,社会保障体系的健全,非国有企业福利制度的不断完善,国有企业同非国有企业在福利待遇上的逐渐趋同,甚至在某些方面非国有企业更具优越性。所以,国有企业在福利待遇上的吸引力也逐渐减弱。

2.企业内部环境与人才流失的相关性分析

(1)员工对职业发展规划和培训的需求

当前知识技能更新较快,中青年对新知识的渴求是不言而喻的,但国有建筑企业的发展重点更多的放在了新项目的开拓和项目的施工管理过程,对企业员工的发展规划、使用和培训方面关注的较少,出现大量的所学非所用的现象,尤其对刚毕业的大学生,会产生期望与实际的巨大差异。在培训上投入少,培训项目无针对性、形式化,与外界相比容易产生落后感。

(2)人力资源管理的激励机制

虽然目前多数的国有建筑企业设置了人力资源部门,但人力资源部门在人力资源积极性调动和潜能发挥的工作方面没有发挥应有的作用,主要体现在评价、考核体系和分配机制的不完善、不科学,经常会出现干与不干一个样,干多干少一个样。或者,即使设置了考核评价指标,但更多的主观性的指标没有定量化,优秀人才付出的努力长期得不到肯定,长此以往员工的不满情绪直接会导致流失事件的发生。

(3)晋升发展空间受局限

马斯洛需求层次理论指出人类的需求可以分为五个层级,当底层的生理、安全、情感得到满足后,人们开始希望得到尊重和自我价值实现的肯定。然而在国企这种大环境下,关系、资历等各种的论资排辈

现象还在一定范围内存在,较有能力的员工无法忍受这种环境,更多的选择离开。在现在激烈的竞争环境下,建筑企业资深员工可选择的机会越来越多,也给了他们广阔的发展平台,建筑行业人才离职率统计数据表明:80%的建筑行业人才流动时首选方向是“甲方”,如建设单位、房地产公司、设计院等。

(4)行业相对薪酬、待遇水平较低

据相关调查统计,决定人才流失的因素中最为直接的因素就是相对薪酬水平,由薪酬原因导致人才占流失比重的63.9%。以2010年北京房地产行业薪酬调查显示,2009年北京房地产行业平均薪酬水平达96 125元,而建筑行业平均薪酬水平为45 129元,房地产行业与建筑行业属于相关产业,但相对薪酬水平的差异有2倍,这是导致人才外流最为直接的原因。

(5)工作性质及工作环境较为艰苦

建筑行业的工作性质最为典型的特点就是流动性大和环境艰苦,尤其是电力建设企业在这方面更为突出,电站建设一般都在环境较为偏僻、人口密度较低的区域,而且电力建设周期较长,这就导致了电力建设企业员工在工作和生活的环境上与都市白领是无法相比的,感情、家庭生活存在种种问题,员工是有思想、有追求的,随着自身实力的提高,具有发展潜力的中青年人才就萌生了试图寻找一个工作、生活环境条件更为优越的想法。

(6)企业文化氛围和员工归属感

当前国有建筑企业员工教育结构不同,思想、思维方式层次不同,公司新进员工和在公司发展几年的员工对企业文化和归属感比较看重,企业的文化氛围不浓厚直接会影响到员工的工作热情和忠诚度。以施工为主的建筑企业在企业文化的塑造方面,出现了“重形式不重内容”、企业文化建设与人力资源建设相脱节等现象,造成员工对企业缺少归属感和忠诚度,一旦发生与员工价值相背的事件,就会果断另寻出路。

(7)人才流失的预警机制和人才流失对策的缺失

国有建筑企业每年有大量的人才流失,但并没有得到企业的真正重视,企业往往采取的措施是年复一年的大量招聘引进,然后再流失,对企业来说本身

增加了人力成本的投资,也带来了资源、技术信息外泄的风险,根本原因是企业对人才流失预警和对策的缺失。如果企业人力资源部对企业关键人才的需求和心理动态及时了解跟踪,就会有针对性地对相关人员进行思想沟通或者采取相应的应对策略阻止人才的流失,保证工作正常开展和重要信息的安全性。

三、应对策略

人才是国家的栋梁,同时也是企业的支柱。在企业人力资源管理职能中需要按需引进人才,科学管理人才,及时预防人才的流失,使人才在企业的发展过程中贡献出自己的力量。因此,为改变国有建筑企业人才流失现状,保持企业健康、稳定的发展,企业需立足实际、立足自身、扬长避短,提高企业的核心竞争力,完善企业人力资源管理体系,建立起人才流失控制体系,使企业与优秀人才建立起和谐、长期的合作关系。

1.提高国有建筑企业的竞争力

在企业层次上,提升企业的竞争力是留住优秀人才最根本的措施。国有建筑企业相对其他行业存在着业务模式单一、利润率较低的问题。提高国有建筑企业的竞争力,首先需要提高国有建筑企业的经济效益。与此同时,要扩大国有建筑企业的经营范围,创新业务模式,向人才提供更广阔的发展平台。

(1)提高企业经济效益的核心是创新业务盈利模式、增加收入、降低成本,提高企业的利润率。

国有建筑企业可以发挥自身资源优势,探索发展新型的建筑业务模式,例如,拓展EPC业务,增加合同额提高利润率;建立施工、安装一体化业务模式,提升企业综合竞争力;在风险可控基础上探索发展BT、BOT等新型建造、投资型业务模式,引领建筑市场的发展。

(2)根据企业发展战略及市场环境扩大经营范围,丰富业务模式,通过多样化的创新发展,提高企业的市场竞争能力和抗风险能力。与此同时也为企业员工提供了更多的岗位、多样化的职业发展通道和更广阔的职业发展平台。

2.完善人力资源管理体系

提高国有建筑企业的经济效益是一项持久而艰难的任务,因此缓解人才流失更迫切的是需要提高企业人力资源管理能力。人才流失是一项人力资源管理问题,完善人力资源管理体系是解决优秀人才流失最为有效途径。

(1)建立关键人才战略规划

分析当前的人力资源现状,根据公司发展的战略规划制定关键人才的未来需求计划。根据未来关键人才的需求计划来全面考虑企业人力资源的配置。在此过程中,加强对关键人才的需求与供给的动态控制,保证对人力资源状况的准确把握。

注重关键人才的引进和培养:①需要加大投入,引进关键稀缺岗位人才,根据需求制定关键人才引进计划,建立系统内部和市场上相关领域优秀人才的数据库;②加强内部人才的培养,积极开展各种培训和学习活动,有针对性的培养关键领域和关键岗位的储备人员,做好关键人才的储备工作;③建立内部人才的竞争机制,激励人才的自我学习和成长,提高关键岗位人才业务技能水平。

(2)开展员工职业生涯规划

明确的职业生涯规划是每位员工前行的灯塔。贯彻"以人为本"的理念,加强对企业不同岗位员工的职业生涯引导,要认识到,一方面,"不想当元帅的士兵不是好兵",另一方面"并不是所有的士兵都想当将军"。要根据不同岗位的特征,员工的价值观念、兴趣爱好以及职业意向等,制定不同的职业发展规划,另一方面企业可以辅助员工根据自身条件、兴趣以及企业实际发展需求制定自己的职业发展规划,鼓励员工与企业共同成长。

具体而言:①企业在员工职业发展方向及晋升通道方面要有制度性的文件材料,并具有公开性,保证员工晋升通道的通畅,优秀员工得到重用;②企业要进行岗位的分类和梳理,指明不同岗位员工的职业发展通道,并有针对性地对管理人员和技术人员的职业发展进行讲解培训,这样在为其指明发展方向的同时也给予了精神上的激励。

(3)加强企业文化建设,提高企业软实力

企业文化是企业的灵魂,根据企业的实际情况建立起具有本企业特色的文化,是吸引和留住优秀人才的重要举措。企业文化的核心是重视员工个人价值的实现,将员工的价值和企业的价值联系的一起。构建良好的企业文化需要塑造温馨和睦的工作氛围,提高企业的凝聚力。一方面,留住内部的优秀人才;另一方面,吸引外部的优秀人才。最终形成的企业文化是能够被绝大部分员工所认可的、具有特色的共同价值观。

构建特色的企业文化,具体而言:①以企业的发展愿景和战略目标为基础,结合企业的核心竞争力,构建企业的核心价值理念;②通过培训和学习等方式将企业的核心价值理念传达给每一位员工;③用企业的核心价值理念来指导日常工作的开展,摒弃与企业价值理念相违背的工作思路;④需要加强企业宣传工作,提高企业的对外知名度和影响力,建立起反映企业核心竞争力和核心价值理念的品牌。

(4)进行薪酬待遇制度的优化

目前,国有建筑企业与其他高利润行业相比在薪酬水平上可能存在一定的差异性。因此,优化和丰富现有薪酬结构是人力管理体系在薪酬上提高外部竞争力和内部竞争性最主要的改革方向。

第一,薪酬水平要依据岗位对企业的贡献大小、重要程度以及职位级别来区别对待。与此同时,技术岗位和管理岗位的薪酬水平结构要有差异。

第二,建立宽带薪酬制度。对于以岗位为基础的薪酬制度,要扩大同一岗位内部的级别差距,使员工薪酬水平的提高不仅可以通过岗位职级的提升来实现,也可以通过在岗位职级不变的情况下,依据表现来实现薪酬水平的提升。

第三,完善绩效工资制度,真实地依靠绩效考核结果来确定绩效工资的水平。将员工的薪酬水平切实与员工的能力贡献以及企业的效益进行挂钩。

第四,对于关键岗位的人才,要相对弱化其固定部分的薪酬,增加激励性的和浮动性的工资水平,这样既提高了关键岗位人员的收入水平,同时也提高对该类人员的激励。使企业关键人才切实将企业的发展与个人业绩联系起来,不仅注重企业当前的业绩,也重视企业未来持续性的发展。具体而言:①提高年终奖金的奖励水平,一方面可以提高关键岗位人员的积极性,另外一方面可以鼓励员工持续地为企业服务,提高其对企业的忠诚度。②试行股权、期权等长期激励方案,将企业的经济效益直接与员工的工作业绩联系起来,对于对企业发展影响较大的优秀关键管理和技术岗位人员是一项非常有效的激励手段。③企业年金是企业的一项福利措施,同时也是一项补充性的养老保险。结合我们当前的社会保障体系,企业年金并不是所有企业都有,而且企业年金的流通机制也尚未健全,因此,企业年金也是留住优秀人才的一项重要措施。

(5)建立以KPI为基础的绩效考核制度

完善的绩效考核制度,重视员工对企业的贡献,是褒奖优秀员工的有效措施,有利于留住优秀的人才。将企业的经营战略分解为可量化的指标,在此基础上建立企业级KPI,再将企业级KPI层层分解,具体到各个职能部门、项目部,最后落实到具体的岗位人员。KPI的分解不是简单的数量分拆,而是要结合具体部门职责和岗位职能,确立相应的KPI值。

在KPI确定之后,必须要严格执行,并保证以公开、公平和公正为原则。以KPI为基础的绩效考核制度需要动态的控制,根据企业发展经营的变动以及员工的发展而进行调整,切实发挥绩效考核制度的激励性作用。不同岗位的KPI的考核权重应该有所不同,最终对薪酬水平以及晋升发展的影响也应该不同。

(6)加强人文关怀建设,促进稳定的劳动关系建设

由于建筑行业的特殊性,不可避免会造成亲人分居、远离城市、生活单调等问题。留住优秀的人才,减小该因素对人才流失的影响,需要企业的党团、工会组织加强企业人文关怀的建设。

具体而言:①丰富项目的业余生活,加强项目的温馨环境建设;同等条件下,优先聘用优秀员工的配偶等,解除亲人分居的问题;②建立工位地点、工作岗位的轮换制度,提高工作能力的同时调动员工工作的积极性;③加强与项目兄弟单位的合作和联谊等活动。通过这些具体的措施来提高员工对企业和项目的忠诚度,让员工虽然身处工作岗位,但仍有温馨家庭的感觉。

(7)加强劳动关系法律管理,提高优秀人才外流成本

加强劳动关系的法制化管理是降低人力资源管理风险的重要措施。具体而言:①对于关键岗位人员在劳动合同签订上,适宜签订合同期限较长或者无固定期限的劳动合同,虽然签订较长期间或者无固定期限的劳动合同在法律不会对员工的离职带来太大的限制,但会提高员工对企业的忠诚度和认同度,给员工的离职带来一定心理上的影响。②可以通过培训费用等法律规定的可设定违约金的款项来提高人才外流成本。③与员工明确法律许可的关于竞业限制条款,给员工的离职再就业带来一定的限制,也能够在一定程度上限制优秀员工的外流。

3.建立起人才流失分级控制体系

从管理上按分级控制体系建立起人才流失的风险预警控制系统。在事前做到人才流失的预警跟踪工作,在事后做好人才流失后的处理和替代工作。构建有效的预警管理机制,对员工的工作状况及流失前的早期征兆及时监控、分析并做出警示,为实施人才流失危机管理赢得时间和主动。预警管理机制主要由预警分析、预控对策制定和危机处理三部分构成。

人才流失预警分析。预警分析首先建立在人力资源对企业员工当前状态的跟踪识别,并对对关键岗位员工的现状进行分析评价,其中人力资源应担负起主要的责任。首先在员工工作效率、行为、心理等方面对员工状况进行指标化的信息采集和跟踪,并对相关指标设置上限,当达到指标上限时人力资源部就需要高度关注,做好预防准备,保证企业在人才流失的过程中保持主动性。

人力流失预控对策制定。虽然企业的管理体系在不断地完善,薪酬制度在不断地改革,力求能够满足企业人才的精神和物质层面的需求,但是由于某些特殊的、不可预知的原因总会导致人才的流失,因此企业在人才可能流失之前就需制定出有效地人才流失预控对策。首先关键性人才必须有后备储备人才的培养,保证企业人才结构上、梯队建设上不断有新鲜的资源注入;其次在关键性岗位流失方面提高流出成本,例如,与关键技术人员签订协议保证在

1年内不得从事相关行业本技术领域的工作;在市场或信息资源要为保密的岗位,企业需定期、不定期地对该部门信息的收集和存档,并建立相关岗位共同参与、阶段式推进的管理模式,降低企业对此类人才的依赖性;最后在法律层面上不断完善企业自我保护机制,保证企业在人才流失过程中利益不受到损害。

人才流失危机处理。当人才有了跳槽的心理准备时,企业人力资源部或相关领导首先要做到及时沟通,掌握员工的真实情况。如果企业能够协调处理的,根据企业政策做出相应措施挽留人才;在沟通无效必走无疑的情况下,企业能做的就是尽快使后备力量接替前者的工作;最后就是办理好员工离职手续,保护企业权益不受损害,防止技术、资源、信息的外泄风险。

四、总 结

随着经济的发展、社会的进步,人们的思想观念在不断地提升和改变,企业人力资源管理也将面临更多的挑战,其中知识型员工的稀缺和争夺将会更加严重,同时也将是国有建筑企业必须面对的现实问题。当前具有战略发展思想的国有建筑企业领导已经意识到这个问题的严重性,对于人才的流失表示遗憾与惋惜,本文通过对国有建筑企业人才流失现象进行分析,有针对性地提出三大策略来应对人才流失,吸引和培养优秀人才,使人才与企业建立起和谐的、长期的合作关系,提升企业凝聚力和竞争力,实现企业与人才的跨越式发展。®

参考文献

[1]陈巧娥.国有建筑企业人才流失浅析[J].科技情报开发与经济,2010(23).

[2]蔡芳芳.对建筑施工企业人才流失现象的思考[J].浙江统计,2007(8).

[3]黄小荣.建筑施工企业人员流失原因及对策分析[J].企业导报,2011(8).

[4]郭庆春,陈华靖,纪华芹.建筑施工企业员工流动风险分析与控制[J].人力资源管理,2011(4).

[5]乔戎宇.国有建筑企业人力资源流失刍论[J].青岛职业学院学报,2006(19).

解决当前施工企业劳务用工短缺问题的探讨

陈保勋

(中建三局工程总承包公司，武汉 430064)

摘　要: 建筑业是国民经济的重要组成部分，是国民经济的支柱产业之一。劳务工人是建筑业的主要从业人员，承担着建筑施工一线繁重的建设任务。近年来，在全社会"民工荒"的大环境下，建筑业也出现了用工短缺，已经严重阻碍了建筑行业快速健康发展。因此加快现代建筑业产业工人队伍建设，是摆在政府、企业和所有劳务工人面前的迫切问题。

　　本文主要研究当前建筑施工企业劳务用工短缺问题。从目前建筑施工企业劳务用工短缺的现状、产生劳务用工短缺的原因以及解决施工企业劳务用工短缺的对策三个方面入手，对认识和解决当前建筑施工企业所面临的共性问题具有一定的指导作用。

关键词: 施工企业，劳务，用工短缺，探讨

一、目前施工企业劳务用工短缺的特征

1.从业人员总量短缺

"民工荒"现象近年来在全国范围内都较为普遍，施工企业体会尤为深刻。一组权威数据显示，近几年国家每年投入基础建设数万亿元，房地产市场每年以25%左右的速度增长。按现阶段的工人效率及管理水平来看，建筑业农民工的缺口达3 000万人。

2.老龄化严重

施工企业现在所使用的农民工大都在35~45岁之间，而30~35岁的农民工已不多见，30岁以下的少之又少。从年龄上看，已出现断层，有别于父辈的"生存型、节约型"，新生代农民工更倾向于"发展型、消费性和家庭型"务工方式，他们职业期望值更高、融入城市并转换身份的意愿更强、消费观念更为开放、对自身权益的维护更加注重。因此新生代的农民工并不愿意从事技术含量低，仅靠出卖劳动力，且报酬不合理的工作。

3.从业人员技术水平差

据统计，目前从事建筑业的农民工中，中学学历及以下的比例高达95%，持有职业资格证书的仅占20%左右，普遍素质不高，尤其技工比例较低，大部分没有进行过操作技能培训，离开农村来到施工现场，就成了建筑工人。虽然在施工前，都有技术人员对他们进行书面交底和现场技术口头交底，但因为没有任何经验且缺乏建筑业基本的知识，缺

乏对工艺工法的了解，难以在短期内提高其技术技能水平。部分从业时间稍长，且有经验的农民工，只要稍有条件，立即就变身为包工头，主要从事协调管理工作。

二、施工企业用工短缺的原因分析

1.人口红利时代逐渐结束

有关研究表明，我国人口结构不断发生变化，正在快速进入老龄化社会。根据2008年联合国人口发展报告的预测，以我国目前的人口结构推算，我国总人口预计在2030年达到峰值，约14.6亿人，并开始转入负增长。自上世纪80年代中后期以来，中国的人口抚养比（年龄在0~14岁和60岁以上的人口数与年龄在15~59岁之间的人口数之比）持续上升，且趋势逐步加快。到2030年，60岁以上人口所占比例将翻一番，达到23.8%，与日本2000年后的比例大致相同。因此，无论从人口总量还是人口结构来看，在未来的时间内我们的劳动力供给将逐步趋于紧张。我国的人口红利正在逐渐逝去，以现在的经济模式保持目前的高速发展，我们必然会遇到劳动力供给的制约问题。

2.建筑业用工需求增加

近年来，我国国民经济一直保持高速增长，固定资产投资节节攀升，给建筑业带来了良好的发展机遇。据统计，2010年期间，中国共向新建筑项目投入逾1万亿美元，首次超过美国，成为全球最大建筑市场，从国内建筑市场发展趋势看，伴随城镇化、工业化进程，城镇人口的增加将带动房地产业和市政基础设施建设的市场需求，预计到2020年，中国将占到全球建筑业的五分之一。如此巨大的市场需要庞大的建筑从业者。特别是随着建筑业升级速度加快，使得建筑业对技能型农民工需求增加，而现实中的技能型建筑工人越来越少，从而导致技能型农民工短缺问题尤为突出。此外，劳动力市场不完善，企业信息不畅通，企业传统的招工方式导致农民工来源渠道过于单一、过于狭窄，造成

就业难和招工难并存，出现农民工地域性或结构性短缺。

3.农民工流动性成本高

我国劳动力流动性差、流动成本高是长期以来存在的问题。其根源是我国不合理的城乡二元结构。国际上多数国家农村劳动力流动和迁移过程基本上是统一的，农村劳动力一旦流入城市，就自动成为城市居民。而我国农村劳动力流动和迁移过程是不统一的，由于户籍制度，农村劳动力进城打工时，无法享受与城市人口相同的社会保障和福利，很难在城市留下来。大部分农民工在春节等期间往往要返乡，并且随着年龄的增长大部分农民工还会返乡定居，这种流动过程中的回流大大增加了农民工的打工成本，也影响了农民工的职业选择。

4.中西部发展提速以及农村经济社会的发展

我国农民工绝大多数来自中西部欠发达地区。近年来，随着中央政策向中西部倾斜，中西部地区的经济发展加快，中西部省份的经济增长势头十分强劲，创造出的就业机会越来越多，为农民工选择留在家乡或者附近打工提供了机遇。与此同时，近年来，各地新农村建设如火如荼，随着取消农业税、减少各种不合理收费、实行粮食收购最低保护价、农业生产补贴等一系列惠农措施的实施，从事农业生产的效益有了持续大幅度的提高，农民的种粮积极性空前高涨，部分农民工选择务农。

5.劳动关系不规范，权益得不到保障，导致农民工供给相对下降

农民工虽受雇在工地上工作，但不规范的劳动关系使他们往往找不到自己的雇主，或者说谁也不承认自己是他们的雇主，这也是导致农民工工资拖欠、工伤赔偿难等一系列损害农民工权益的问题迟迟得不到根本解决的主要原因。在现有的劳务管理体制下，总承包建筑施工企业在承包了建设单位建筑工程项目后，把建筑工程项目(或部分)分包给分包建筑施工企业，二者之间达成建筑工程分包合同，前者只对后者的工程事宜进行监督管理，向后者支

付承包款,总承包建筑施工企业与分包建筑施工企业是经济合同关系。分包建筑施工企业虽为法人主体,但事实上绝大多数都是私人老板挂靠的形式,他们拿到分包工程后,也是通过中介或朋友找到一些能组织到农民工的包工头,包工头再去寻找班组长,最后导致的情况是:直接雇佣农民工的人是不具备签劳动合同主体资格的班组长。从这种意义上来讲,劳务公司实际上承担的是劳务中介和劳务组织管理,并不是纯粹的劳务承包,更不是部分的工程分包,劳务公司的职能缺乏行业的唯一性。劳务公司和劳动者之间只有口头协议,有的虽签订了书面劳动合同,却很不规范,而且很少执行。层层转包以及不规范的用工关系导致雇佣责任主体不清,农民工处于弱势地位,不仅会诱发工资拖欠现象,也使得一旦农民工的合法权益受到损害,他们甚至没有合法的依据来维护自身权益。

6.农民工社会保障缺失

社会保障制度须贯彻的一个原则就是公平,但是中国从二元户籍制度制订的那一天起也相应地形成了二元的社会保障制度。各种保险、福利以及相应的公共服务都是与户籍捆绑在一起的,只有具备城市户口的人,才能享受到城市所提供的养老、医疗、失业、工伤及住房、教育等相关福利。农民工户口在农村,而人又长期在城市,不仅享受不到城市居民的相关福利,就连目前农村已经普遍实行的农村合作医疗和养老统筹,他们也由于地域原因不能完全享受。原因主要在四个方面:一是政府社会保障制度安排的缺陷,城乡不对接;二是保险基金的区域统筹与农民工的跨省流动之间存在尖锐冲突;三是劳务企业以追求利润最大化为生产目的,不愿意为农民工参保缴费;四是农民工自身的因素,有些更在乎的是眼前的经济实利,宁愿企业为他们支付更多的工资,不愿意花钱参与保险。

7.建筑行业工作生活环境恶劣、劳动强度大,很多农民工不愿从事建筑业

建筑施工主要是室外作业,建筑工人除了要忍受日晒、风吹、雨淋外,还要经受粉尘、噪声的污染。农民工的生活环境虽在近些年得到改善,但相比仍然比较恶劣。劳动时间上,建筑业农民工平均每天工作在 10 小时以上,遇到抢工期的项目还要彻夜加班,他们没有周末,没有节假日,更谈不上有丰富的业余生活。

三、发达国家建筑业用工经验

发达国家建筑业发展水平较高,法律健全,用工制度较为完善,认真审视发达国家用工制度中的优秀经验与做法,对我国建筑业用工短缺问题的解决与对策研究具有重要的参考价值。

1.日本建筑业用工制度经验

(1)职业健康与安全措施

日本工资制度的显著特点是实行注重年龄和工龄的所谓年功序列工资制。即就是职工年龄越大,工龄越长,则工资就越高。很多建筑施工企业为了弥补建筑业技术工人不足的现实,将技术工人的退休的年龄从 60 周岁延长至 65 周岁,增加技术工人服务的年限。日本十分注重建筑工人的职业健康,建筑业职工的健康管理包括健康诊断和健康管理两大部分,职工参加工作时,需要进行严格的健康检查。参加工作以后,还需定期进行以下各项健康诊断或体检:①定期健康诊断。②特殊工作的健康检查。③矽肺病的定期诊断等。

(2)职业培训

为了确保建筑业从业人员尤其是技术工人的素质,日本对职业培训都是十分的重视。日本在 20 世纪 70 年代就制定《就业政策法》,其中包括了三个基本的纲要即就业保障纲要、技能发展纲要和就业福利纲要。其中技能发展纲要是就雇员培训出台的第一个有体系的规定。此后,日本又制定了《雇佣保险法》和《职业培训修正法》。在这两部法律中规定了单独的基金来源,在以前的失业保险上增加了雇佣保险,在三个纲要中引入了对企业的补贴和补助。

2.美国建筑业用工制度经验

美国建筑业一般划分为,建筑工程施工、大型土木工程施工、专业承包与服务三个范畴。建筑业是美国的主要就业部门,就业人数可以占到国家总就业人口的5%左右。美国建筑业用工制度主要表现在以下方面:

(1)工资水平

美国建筑工人的平均工资水平比较高,一般高于美国所有行业生产工人的平均工资水平,他们的工资是正规时间雇主付给雇员的薪水,而不包括雇员的额外加班所得、假期津贴、各种保险、养老金等福利。除了拥有高于其他行业的平均工资水平外,美国建筑行业工人的福利是非常完善的,这得益于美国完善的社会保障和福利机制。其福利项目可以分为五种类别,带薪休假、附加报酬、养老金、保险、法律要求的福利等。

(2)参加工会组织比例

美国建筑业就业人员参加工会的比重较高。美国社会,各行业都拥有大量的工会或类似的雇员组织。这些组织在保护会员或覆盖行业的非会员的合法利益起到了积极推动的作用。一般情况下,属于工会组织的就业人员比非工会就业人员拥有更好的福利和更高的工资报酬。统计数据显示2000~2006年间,工会会员及其类似工会的雇员组织人员每周的收入比非会员就业人员高22%~30%左右。美国建筑业从业人员被工会组织覆盖的人员比例较高,这样对保证建筑工人的高工资水平和高福利待遇起到有力的促进作用。

(3)职业培训体系

美国建筑业培训体系比较完善。在美国,建筑业就业人员同样面临着随着项目开工而动的流动性和不稳固性,但是美国国内完善的就业与培训网络为建筑工人就业提供便利。美国建筑业公认的培训体系主要由工会组织、技术学校、成人教育机构组成,建筑企业一般不设置独立培训机构,而往往委托工会下属专业机构进行培训并为工人提供资

助。培训主体为工人提供了门类齐全的从业培训或专业技能培训,联邦以及当地工会或行业联合会在其中扮演着重要角色,他们为会员提供免费培训或服务。

美国建筑业就业体系及时提供最新就业信息。就业信息来源主要由联邦以及各州的"职业信息系统"和各种工会组织提供。信息系统全国范围内联网,向求职人员提供各种职业需求的性质、条件、薪水、要求、培训、就业情况以及前途发展等全面的信息。对建筑工人一般要求高中毕业,十八周岁以上年龄,通常作为帮工经过两天的常识培训就直接进入工地,通过跟熟练工人学习而慢慢积累经验。

美国境内建筑工人多数服务于建筑承包商或分包商,其中七成以上建筑从业人员加入了工会或行业联合会。

四、施工企业解决用工短缺问题的对策研究

随着社会经济发展,"民工荒"已经影响到了诸多产业、行业的发展。要从根本上解决建筑业用工短缺的问题,就要吸引农民工,留住农民工,让农民工真正成为建筑业产业工人,让农民工从农村人口转变为城市人口。解决这一问题,不仅需要行业及用工企业的努力,还需要政府和社会各个层面在机制、体制上的变革。

作为施工企业而言,在目前的生产力水平、法律法规制度体系和市场环境下,要解决当前施工企业劳务用工短缺问题,必须立足于自身,在科技进步、企业转型、用工形式、劳务管理、农民工人性化管理等方面创新举措。

1.加强科技创新,加快转型升级

建筑施工企业一定要充分认识到劳动力短缺是长期趋势,必须要有长期的应对策略。在劳动力趋紧的情况下,下功夫做到"四向":向科学管理要劳动生产率,向提高人员素质要劳动生产率,向增加施工设备要劳动生产率,向建筑科技创新要劳动生产率。要

推动建筑施工行业的产业化,将单位工程逐步分解细化为小的分项工程,将大量的现场浇筑、制作等工程安排在工厂内完成,施工现场主要以机械工程、装配式工程为主,借助生产方式的改进,促进生产组织形式的变革。要通过项目施工中人、财、物的精细化管理以及生产要素的优化配置提高生产效率,通过采用新技术、新材料、新设备等降低成本。尽快从靠劳动力推动发展向靠资本推动、靠创新推动发展方向转变。努力使企业发展由传统向现代、由低端向高端转型。

2.创新用工管理模式,培育核心劳务企业

(1)加强建筑业劳务基地的建设和管理。构筑农民向建筑劳务工人转化的通道,保障建筑业有效农民工的供给。建筑施工企业可以投资、协助劳动力资源丰富的乡镇建立劳务基地,协助劳务基地建立劳务分包企业,充分发挥建筑业劳务基地"规划、培训、输出、管理、信息、服务"等功能,努力实现"培训基地化、建制专业化、输出定向化、流动有序化、信息网络化、后勤服务化",使劳务基地成为企业劳动力保障的"蓄水池"。

(2)加强核心劳务层建设。施工企业要和规模大、实力强、管理好的劳务企业及优秀施工队伍保持长期稳定的合作关系,在任务、资金、承包模式等方面给予倾斜,稳定其劳务工人,帮助其发展壮大。同时,有条件的施工企业还可以探索投资成立劳务公司,建立自有骨干施工队伍和自有高技能工人队伍,建立一支相对稳定,素质较高,能打硬仗,随时调动的队伍,保证施工生产的需要。条件成熟以后,积极推进劳务分包到班组改革,实行劳务班组承包模式。现行项目劳务管理模式为项目经理部—发包到劳务公司—转包分项劳务公司承包人—班组,因管理环节多,成本高,项目质量、进度、安全、现场文明施工的指标难以落实。直接推行劳务班组承包模式,可减少劳务公司—分项劳务承包人这两个环节,由项目经理部直接管理到班组,以简化管理程序,降低管理成本,提高管理效能。

3.完善企业内部劳务分包市场,建立优胜劣汰的竞争机制

在市场经济条件下,建筑施工企业的用工短缺问题仍然要依靠市场来解决。虽然目前建筑分包市场还不健全和规范,但作为企业而言,首先要在企业内部建立规范有序的分包市场。要加强对劳务分包企业引进、使用、管理、考核、退出的机制建设,在企业内部建立优胜劣汰的竞争机制,让运营规范、有实力的劳务企业获得更多的市场,得到更大的发展。对不诚信履约、恶意拖欠建筑劳务工工资、造成社会影响的劳务企业,要坚决予以清除;对不投入、不加强自身管理、不履行企业责任、组织涣散的"皮包"劳务企业,要坚决不予使用,坚决杜绝挂靠行为,坚决杜绝层层转包,同时,建筑施工企业还要加强对劳务企业的监督和管理,强制要求劳务企业与劳务工人签定劳动合同,按月发放工资。

4.为就业农民工提供培训机会

综合素质偏低、业务水平缺失、安全意识不足是建筑业从业农民工群体普遍存在的问题,如何有效实行对这一群体的培训教育,对建筑业的健康发展将起到至关重要的作用。

(1)通过企业自身平台进行岗位培训。除要求劳务企业加大培训投入外,建筑施工企业在培训方面也要加大投入。例如,建筑企业在工程造价中可以增加项目,计提"建筑劳务培训费";或者将现在己计提的"职工教育费"拨出部分资金专门用在建筑一线作业人员的培训与鉴定工作中。这些方法的实行,可以从根本上解决劳务人员培训与鉴定工作资金来源问题。

(2)发挥职业学校的优势,建立劳务企业与职业培训学校之间的衔接渠道,让经过职业学校培训后的农民工能直接进入劳务公司。

(3)建立健全农民工培训机制,提高农民工接受培训的积极性。要加大建筑业农民工培训的宣传力度,让农民工充分认识到培训的重要性,建立企业内部技术等级管理机制,将其和农民工收入水平紧密

挂钩,激励农民工主动参与培训。

5.属地化用工减少流动消耗

建筑农民工的流动性作业方式不仅给输入地带来了环境、安全、就业状态等压力,同时对建筑农民工本身的心理、生理等方面也造成了严重的压力。流动性过于频繁也不利于农民工各种福利的保障实施。施工企业应优先就地用工,优先选择当地有资质的劳务企业合作,使建筑劳工最大限度的减少流动。同时,树立"人力资源集中管理"和"大劳务管理"的观念,把用工管理、劳务管理延伸到全国范围内进行标准化、规范化、系统化管理,保障企业有满足市场需求的劳动力资源。

6.改善劳务工人所处工作和生活环境

马斯洛需求层次理论将需求分为五种,像阶梯一样从低到高,按层次逐级递升,分别为:生理上的需求,安全上的需求,情感和归属的需求,尊重的需求,自我实现的需求。一般来说,某一层次的需要相对满足了,就会向高一层次发展,追求更高一层次的需要就成为驱使行为的动力。随着社会的进步和发展,农民工的生活条件得以改善,他们渴望更高层次的需求,对建筑施工企业而言,要想留住其人,就必须在更高层面满足他们的这些需求。不仅要不断改善其工作环境、生活环境、工作安全状况、饮食标准等。还要改变观念,改变管理方式,将农民工当作合作伙伴,而不是管理对象,还要丰富他们的业余文化生活,给予更多的人性化关怀,让他们有归属感,能够被尊重。

五、解决施工企业用工短缺的法律法规及制度体制保障

从长远来看,解决建筑企业用工短缺问题,需要政府主管部门进一步深化劳务分包体制改革,需要社会各界为劳务工人成为产业工人完善相应的法律法规和配套体制机制。

1.健全劳务分包管理体制

建筑行业劳务用工制度自身有一个不断发展完善的过程,它要与建筑劳务市场的形势变化相适应。

根据目前我国劳务零散用工比例数量大的特点,必须建立规范的成建制的劳务用工制度,取缔包工头。成建制的劳务分包使劳务能够以集体的、企业的形态进入建筑市场。它容易对劳务用工进行管理,有较强的谈判能力,稳定的劳务企业能够给劳务人员提供技能培训。要建立健全规范劳务用工的法律法规,强制实行"总承包——专业承包——劳务分包"承发包管理机制。健全的法律法规和完善的承发包管理机制是规范建筑劳务用工管理的两个最根本的保障。承发包体系的建立需要将工程专业分包和劳务分包纳入有形市场的管理体系,严格市场准入并促进二级分包市场的完善。尽管目前我国已经建立了较完善的一级承发包市场,但是承发包体系的不连贯,二级分包有形市场相对缺位,需进一步发展。二级分包市场监督管理的断层,影响到建筑市场中各类顽症的根治。因此,必须完善承发包管理机制,通过分包市场的完善,迫使建筑企业重新调整市场定位,理顺市场的承发包层次,形成一大批合理流动、专业化运作、企业化管理的劳务分包企业,真正形成总承包、专业承包、劳务分包三个层次的"金字塔"式结构体系,有序竞争,从而切实规范建筑市场秩序。

2.建立健全农民工用工制度的法律法规

首先,由国家有关部门制定农民工劳动合同示范文本,明确劳务公司与农民工双方的权利和义务,从源头上解决农民工与劳务公司之间权利不对等、责任不明确、雇佣与被雇佣关系不清晰的现状,为维护农民工群体的合法权益提供明确的法律依据。其次,强化对劳务公司的管理,将农民工合同签订率作为劳务公司年审的重要内容,合同签订率不达标的公司年审不能通过,并通过媒体进行公布。再次,建立健全建筑劳务行政管理和行政执法队伍,加强建筑劳务承发包经营行为的监督和建筑劳务作业人员用工的监管。

3.改革户籍制度,建立社会保障体系

第一,改革现有户籍管理制度。目前中国各地

正陆续推行新一轮户籍管理制度改革,沿用多年的户口迁移审批制度在许多地区已逐步被取消,取而代之的是以条件准人方式、按实际居住地进行户口登记管理的新模式,这是十分可喜的进步,使得户籍制度的社会功能大大削弱。如果户籍制度改革能真正贯彻和实施到实处,农民工的流动才能不仅自由而且主动,农民工的社会保障才有了制度基础,他们更愿意进入城市,也才能真正融入城市。第二,政府、社会、企业共同努力为农民工构建社会保障体系。要从保障农民工的基本生活为出发点,按轻重缓急的原则逐步建立起包括五大保险在内的全方位、多层次的农民工社会保障制度。最终目标是与城镇社会保障制度接轨,建立城乡高度统一化、社会化、法制化、规范化的社会保障制度。社会保险方面,首先必须建立起完整的工伤保险制度,规避建筑业这一高危行业农民工的职业风险。其次是医疗保险制度,因为农民工流动性强,所以要将农村合作医疗和城镇职工医疗保险进行衔接,不论在哪个地区、哪个单位,都要建立统一的固定账户,做到户随人走,使农民工无论在农村还是城市,无论固定职业还是自由职业,都可以享受医疗保险保障,还要逐步完善养老、失业、生育等社会保障体系建设。

后 记

作为一名有着将近20年经历的建筑业从业者,我本人是伴随着建筑业的改革发展不断成长的,从一名基层工程师到项目经理,再到一家施工企业的负责人,各种岗位的经历让我从不同的角度对目前建筑业存在的问题有着深刻的理解和认识。特别是最近几年,中国建筑市场迅猛发展,给施工企业带来发展机遇的同时也使用工短缺成为建筑施工企业发展的阻碍。作为一家施工企业的负责人,我一直深为此扰,也一直在探索、寻求破解之道。本人经过潜心思考、研究建筑企业用工短缺问题,在查阅大量资料的基础上,并结合自己的从业经验和体会,以此为题写成此文。只希望能与同行们就此问题展开一些交流和探讨,相互取长补短,若能对企业及行业发展起到一点推动和帮助,我将万分荣幸。

参考文献

[1]葛笑如.建立农民工社会保障制度的困难与对策[J].农村经济,2007(9):69-71.

[2]李强.城市农民工的失业与社会保障问题[J].新视野,2001(5):46-48.

[3]中国海员建设工会.直面农民工——建筑业农民工现状调查报告[J].建筑新视野,2005(2).

[4]李闽榕."民工荒"问题的深层思考[J].中共福建省委党校学报,2005(4).

[5]司增绰,徐康宁."民工荒"背景下建筑业可持续发展制约因素分析[J].建筑经济,2007(6):27-30.

[6]Robert Berhorst. Report of Project Social Insurance in Germany[M]. University of Giessen Press,2003.

[7]司增绰,徐康宁,王铮.从"民工荒"看建筑业农民工群体良性发展[J].建筑经济,2005(12).

[8]聂志红.当前"民工荒"现象背后的经济信号[J].社会,2004(12).

[9]北沙.我眼中的民工荒[J].建筑,2005(1).

[10]竹骟生.美国建筑工人成本特点及其对我国的启示[J].建筑经济,2008(3).

[11]张岳东.日本的建设业[M].北京:中国计划出版社,1988:159-160.

[12]刘丽娟.论农民工社会保障问题及对策[J].经济纵横,2006(12):12-14.

透过建筑业农民工现状看社会管理

曾坤建

（中建六局建设发展有限公司，天津 300451）

2011 年 2 月 19 日在中央党校举行的省部级主要领导干部社会管理及其创新专题研讨班开班式上，中共中央总书记、国家主席、中央军委主席胡锦涛同志发表重要讲话。他强调，加强和创新社会管理，要高举中国特色社会主义伟大旗帜，全面贯彻党的十七大和十七届三中、四中、五中全会精神，以邓小平理论和"三个代表"重要思想为指导，深入贯彻落实科学发展观，紧紧围绕全面建设小康社会的总目标，牢牢把握最大限度激发社会活力、最大限度增加和谐因素、最大限度减少不和谐因素的总要求，以解决影响社会和谐稳定突出问题为突破口，提高社会管理科学化水平，完善党委领导、政府负责、社会协同、公众参与的社会管理格局，加强社会管理法律、体制、能力建设，维护人民群众权益，促进社会公平正义，保持社会良好秩序，建设中国特色社会主义社会管理体系，确保社会既充满活力又和谐稳定。胡锦涛同志的重要讲话足以表明国家对社会管理的高度重视。

建筑行业是我国国民经济发展的支柱产业，在国民经济各行业中所占比重仅次于工业和农业，属于第二产业，对我国的经济发展有举足轻重的作用。建筑行业的社会管理是国家社会管理的重要方面，社会管理的基本对象是人，建筑行业本身就是劳动密集型行业，有千千万万来自不同地域、不同年龄、不同文化程度的农民工，加强建筑农民工的管理对国家的社会管理将起到积极的推进作用。

住房和城乡建设部获悉，2010 年全国具有资质等级的总承包和专业承包建筑业企业完成建筑业总产值为 95 206 亿元，"十一五"期间，建筑业增加值占国内生产总值的比重保持在 6% 左右，2010 年达到 6.6%。建筑业全社会从业人员达到 4 000 万人以上，成为大量吸纳农村富余劳动力就业、拉动国民经济发展的重要产业，在国民经济中的支柱地位不断加强。也就是说每 15 位农民中就有 1 人直接从事建筑业劳务（2011 年数据统计我国农村人口比例为 53.41%），并且绝大多数为男性。这是一个庞大的群体，并且农村的青壮年大都出去务工，农村的留守人口中大多数是老、弱、病、残，我们关注的不仅仅是建筑农民工本人，还有他们身后"站"着的更庞大的群体，这样计算的话应该上亿人，所以关注他们的管理应该是中国社会管理中很重要的一环。如何对他们进行稳定有序的管理以及研究对他们管理的对策就显得尤为重要。

一、农民工的社会地位在下滑容易引发农民工群体事件

从事建筑业的农民工绝大多数是纯粹的农民，他们生活、工作的环境相对而言比较恶劣，饮食条件差，工作属于体力劳动，劳动强度大，工作时间较长，这也是城市居民不愿意从事这个行业最根本的原因，加之他们大多数人只有中小学文化，本身素质不高，他们生活散漫，组织原则性差，流动性很强，这就造成了他们社会地位不高最直接的原因。2003 年，国家总理温家宝为重庆农妇熊德明讨回了包工头欠她丈夫的工钱的事件以后，国家加大了农民工工资的落实力度，时至今日各级政府各主管部门各

行业都非常关注农民工,似乎农民工的地位一下子提高了,但是我们农民工的社会地位真正提高了吗?我们看以下几个建筑业以外的事例:

事件一:2011年9月,一份致古驰(GUCCI)高层的公开信广为传播。在这封信中,5名曾在古驰深圳旗舰店工作过的员工列举了100多项古驰对员工的"虐待"行为,包括吃饭上厕所都要打报告,高强度工作致使多名怀孕员工流产。

事件二:早在2005年10月,就发生了在华外企肯德基"劳工门"事件。

事件三:2010年,飞利浦(中国)投资有限公司被沈阳几十名员工控诉拖欠加班费和保险费。

事件四:2011年8月27日,陕西几名农民工在免费公园里休息,被保安赶出来,理由是他们"素质太低"。

事件五:2011年6月广东潮州增城接连发生农民工群体事件。

6月1日上午9时,广东省潮州市潮安县古巷镇,外来务工者熊某夫妇在儿子熊汉江(男,19岁)的陪同下,到所工作的华意陶瓷厂讨要拖欠工资,与老板苏某(男,36岁)发生争执。6月6日晚间,讨薪遭打伤的熊某的同乡约200多人到潮安县古巷镇镇政府门口聚集,要求严惩凶手。潮安县各级党政领导和公安机关领导迅速赶到现场,向在场的群众说明事件具体处置情况,开展化解劝说工作,并于晚上10时许组织警力到场对在场群众进行劝离。经劝解,现场群众于10时30分许逐渐散去。公安机关依法将9名参与打砸烧的人员带离。经调查核实,截至6月7日晚,6月6日晚聚集事件中,共有1辆汽车被烧毁,3辆汽车被毁坏,15辆汽车受损;造成18名群众受伤,其中15名为外来农民工,3名为当地群众,没有人员死亡。

6月10日晚,在广州增城市新塘镇发生一起妇女被殴打事件。孕妇王联梅(20岁)和丈夫唐学才(28岁,均为四川籍外出务工者)在大敦村农家福超市门口违章占道经营摆摊档,阻塞通道,该村治保会工作人员见状后,要求其不要在此处乱摆乱卖,双方因此

发生争执,并发生肢体冲突,致孕妇倒在地上。这场看似正常的纠纷却引起了农民工的群体事件。

新闻媒体、专家学者、政府官员对这两起群体事件的评论:

媒体调查:外来者希望与当地人有一样的公平与尊严的生活。

专家指出:新一代农民工维权意识明显提高,原有发展模式已经走到末路。

广州市有关官员:现在社会的利益诉求很复杂,甚至没有利益诉求时,某些事件的火星也会引发事件,各级党政领导尤其是"一把手"要抓好维稳工作。

潮州市有关官员:一部分企业管理者缺乏责任意识、忽视人文关怀、激化劳资矛盾的反映,其影响恶劣,教训也非常深刻。

事件六:2011年10月,有媒体记者报道了陕西南部一个偏僻小镇爆发农民矿工尘肺病死亡潮的事件,这个小镇一年之内有10余名矿工死亡,还有数百名患病者,他们大多年富力强30~40岁左右,一旦得了尘肺病就丧失了劳动能力,没有社会保障造成尘肺病患者更大的贫困。他们的维权之路在制度和机制不完善和矿工流动性大造成不好认定的情况下走得也很艰辛,所以社会上就有了"开胸验肺"的事件出现。陕西是劳务输出大省,1990年代以来山西矿井的数十万劳工中陕西籍矿工是主力。在打工经济的繁盛背后,已经付出了众多生命代价,我国的矿难频出,矿难死亡者家属得到了补偿,这些生命的代价被掩蔽在繁荣的背后,但如今,尘肺病患者的死亡和贫困阴影,成为这种发展需要兑现的更大代价。由于社会管理的缺失和不完善,责任必将落在政府的头上,最后的埋单者也将是政府。

以上这些事件只是社会中冰山一角,无论是古驰的"血汗工厂"还是广东潮州增城的排外事件还有矿工的辛酸,都折射出社会管理的缺失、监管的力度不够,社会保障的不完善等社会问题,毫不夸张地讲,改革开放30多年以来农民工真实的地位在下滑。

其实社会的分化在每个国家都存在,这也是必然的。随着社会进步,以往的血统、门第观念逐步淡

化，但金钱与权势还是常常自然而然地成为衡量人高低贵贱的标准。再加上每个人能力有大小，本领有高低，他最终会被划分到自己所属的社会阶层中去。尽管人们从近现代一直倡导"人生而平等"、"人有贫富之分，没有贵贱之别"，但富人对于穷人的轻看，社会上层对于底层的蔑视，却在任何一个国家和社会都多多少少存在。

轻看也好，蔑视也罢，一旦在行动中表现出来，常常不可避免地带来冲突引发暴力事件、群体事件。有数据统计显示：改革开放之初，1978 年我国的群体事件是 1 万件左右；2010 年我国的群体事件是 10 万件左右，由于农民工问题引发的群体事件比例很高。生活好了，反而事更多了。当然社会管理跟不上改革开放以来中国经济高速发展的步伐有其必然性，但我们不得不承认我国现如今社会问题确实大于经济问题，全方位多渠道地加强社会管理也是必然的。

现今我们的城市已经离不开农民工了，他们从事最脏最累的工作，他们的收入不高，在如今农村的社会保障不完善的情况下，他们的负担也很重，大多数人上有老下有小，如果没有他们我们的城市将是怎样？是不是"农民工"这个具有中国特色的称呼也应该改改？！要在思想认识的层面更加关注他们，从真正意义上提高他们的社会地位，他们应该获得社会更多的认可和尊重！应该获得更多的人文关怀！应该消除城乡二元体制，实现农村居民平等权利！应该给予他们更多的社会保障！真实地提高"农民工"的社会地位也许才是解决"农民工"问题及其引发的群体事件的根本。

二、农民工的数量减少影响着国家的经济发展和推动社会管理机制模式的创新

近几年来，建筑行业的"民工荒"极为突出，作为一个建筑施工的管理者深深地感到"民工荒"所带来的压力，几乎所有的施工项目都缺劳动力，特别是农忙的季节劳动力更加稀缺，农忙的季节也是施工的黄金季节，不少项目为了赶工期，挖空心思、加大成本"抢"民工成了建筑行业一道独特的风景线，以天

津为例今年农忙季节小工的用工单价就涨到 150~200 元/天。

造成"民工荒"最主要的原因是：一是我国城镇建设的建设总量的增速与农民工的数量不匹配；二是国家加大了对农业的"反哺"力度，农民收入增加，部分农民工返乡务农；三是改革开放 30 多年了，我们以 10 年作为一代人的话，农民工也是"三代同堂"了，建筑施工是重体力活再加上每代人的价值取向的不同就造成了"爷爷"干不动"孙子"不想干的局面；四是农民工乡土情结重、在城市的社会地位不高很难融入城市的生活、农民工社会保障的问题没有妥善的解决等都是造成农民工流失的重要因素。

其他行业也有不同程度的"民工荒"，在我国东部沿海城市经济发达的地区很多工厂招工困难，就目前我国中西部地区承接沿海发达地区的产业转移其中"民工荒"也是其中原因之一。有许多专家学者指出：我国已经失去了吃劳动力红利的时期了，按照市场经济的规律来看，供需关系的不平衡造成今天的"民工荒"和劳动力成本逐年攀升的现象。这也是一种倒逼的力量，在劳动力数量不能满足市场需要的情况下，经济的增速自然会放缓。

改革开放 30 多年来，中国经济取得了举世瞩目的成就，可以说农民工在推动我国的经济发展过程中做出了巨大的贡献。在今天劳动力需求大于供给的情况下，农民工作为主要的劳动力资源就显得尤为重要，全社会劳动力不足的情况下更不能浪费劳动了资源。在探讨节约劳动力资源的社会管理前先看以下一个事例：

靠着中介数万放贷家庭–高利贷–房地产这一单一一路虚高的鄂尔多斯，在宏观政策回拉下，迅速重重跌倒。鄂尔多斯人靠"羊煤土气"（占世界四分之一的羊绒、中国三分之一的煤炭、中国二分之一的稀土高岭土储量、中国三分之一的天然气储量）能源创造了财富，经济增速一度达到 42%，每 217 人就有一个亿万富翁，人均收入超过香港。财富造就了庞大的地下资本市场，这里绝大多数家庭，依赖放贷每年即可使自己的财富增值 30%，也有很多的外地人也跟

风参与其中。庞大的民间资本市场在短短的几年间鄂尔多斯人建起了一座座美丽的空城、"鬼城",当2010年底,房价开始降温,当地高利贷全部停摆时,绝大多数人便面临本金难以收回,利息不再结算的要债困局。

这只是建筑行业、房地产业中一个典型的事例,在我国的某些城市、某些地区还有很多类似的例子。这样的事例带给我们政府、主管部门、行业管理什么样的深思?

世上千难万难,实事求是最难,为了政绩为了GDP就可以不要实事求是了吗?我们不要再搞所谓政绩工程了,建立在像鄂尔多斯的空城、"鬼城"上的GDP有何意义;8.7km²的一个不大的城市矗立着一栋栋与城市人口数量不相匹配的建筑,我们的城市规划管理不到位绝不仅仅只是鄂尔多斯,在很多地方,我们甚至拆了老祖宗遗留下来有价值的古建筑重新规划建设,还有的地方是建了又拆、拆了还建,重复建设的现象也很多,在这样的条件下建立起来的GDP有何意义;更重要的是本身建筑行业劳动力就不足,很多地方出现重复建设不是科学的发展和规划,在"民工荒"的现实条件下是对劳动力资源的极端浪费,农民工物化在这样的建筑物身上的劳动又有何意义!

中国建筑作为中国建筑业的领军企业、世界五百强的一员,我们也深受"民工荒"的困扰,施工企业的履约压力也相当大。我们已经在转变我们的发展模式,不在一味地追求规模效益(那样我们的压力会更大),而是更加关注企业的内功的修炼、提高精细化管理水平来增加我们的效益。2011年我们的合同额7 000多亿元,完成营业收入4 000多亿元,这么大的一个集团公司加强农民工的管理、创新农民工的管理机制和模式对建筑行业乃至国家的社会管理具有积极的作用。作为中建总公司最重要的施工总承包业务,加强对农民工的管理、创新农民工的管理机制和模式应注意以下主要几个方面:

(1)选择劳务队伍是关键。由于市场中建筑劳务队伍自身管理水平的高低差距较大,"成也劳务,败也劳务"这句话体现了选择好的劳务队伍是施工项目成功履约的关键,也是我们施工企业管理干部的必修课,要与成建制的、资信好的、实力强的、长期合作的劳务队伍建立关系。在合作过程中要注重劳务队伍的自身建设、加大培训教育的力度也是非常必要的,虽然农民工流动性大但只有全社会的农民工技能、素质的不断提高才是整个建筑行业最希望的。

(2)提高农民工的待遇和地位是根本。"既要给利益,更要当朋友",农民工作为建筑行业最重要的资源,不仅要提高农民工的收入,改善农民工的工作生活环境,提高农民工的安全意识,关注农民工的身体健康,积极推动农民工的社会保障需求,更要把农民工当成企业的一份子不要把他们当作"外人",更好地帮助农民工融入城市生活,只有这样才能吸引更多更好的农民工的加入缓解由于用工荒造成的履约压力。

(3)关注农民工的精神生活是加强管理的有力保障。大多数农民工是离开亲人和朋友在城市从事建筑施工工作,在城市生活缺乏归属感,关注他们的精神生活可以有效地防止农民工的流失、舒缓他们的情绪减少事故的发生,要广泛开展内容丰富、形式多样的文体活动来达到这一目的。比如在项目上增设"家庭房"方便家人朋友的探访,开办农民工业余学校,开展企业组织的文工队下项目活动,组织体育活动、运动会、技能大赛等等。

(4)提高企业的精细化管理水平,科学的利用劳动力资源减少用工浪费是加强管理的有效手段。人工成本不断的提高、劳动力资源的紧缺就要求项目管理人员要加强施工技术的钻研,努力增强管理水平,统筹兼顾工序安排,科学合理有序地组织施工,要从施工技术上解决窝工、返工的现象发生,尽量提高机械化作业力度和范围,及时有效地整合好项目所需的各类资源提高劳动力的使用效率。

(5)项目工期管理要有科学的态度。施工企业履约的压力往往体现在项目工期的压力上,我们签约的工程项目很多往往工期紧、任务量大,在劳动力资源紧缺的现实情况下,更要注意科学地对待项目工期管理,在这类工程签约时要注意用科学的态度、科学的分析尽量与业主、建设单位协商达成共识，项目实施过程中不要冒进加班加点、平行不流水式地施工造成劳动力资源的浪费。正如今年河北省委书记张云川讲的那样，将坚决取消工程建设中"决战90天""大干快上"等冒进标语口号，工程建设必须尊重科学规律。他认为，要真正贯彻落实科学发展观，要始终把质量、效益、安全放在第一位，切忌浮躁。他认为，要真正贯彻落实科学发展观，尊重科学，工程该什么时候完工就什么时候完工，不一定要提前完工，这跟抢险救灾不一样。其实这才是实事求是科学的态度。

三、建筑行业群体事件的频发需要企业的管控力度要加强和管理模式要创新

容易引发建筑行业群体事件的原因主要有二个方面：安全事故引发的，民工讨薪引发的。

(一)由安全事故引发的群体事件原因分析和如何采取应对措施的几点建议

(1)原因分析：建筑施工作业本身是一个危险性非常高的活动，安全工作做得再仔细也难免有意外产生，建筑施工过程本身容易产生危险具有客观性，所以政府、主管部门、行业、企业有对安全事故率的控制指标也是对这种客观性的客观认识。

安全事故特别是死亡事故大部分集中在高空坠落、物体打击、施工用电、机械伤人等几个方面，究其原因主要体现在：农民工的安全意识淡薄，对农民工的安全培训不到位，违反施工操作规程，安全投入安全防护不到位等。

一旦出现安全事故特别是死亡事故容易引发群体事件的原因主要是死者的亲属情绪激动和提出过高的要求得不到满足造成的。虽然国家法律法规对赔偿有规定，但其过高要求不能得到满足时，死者的亲属往往会采取到政府及其有关部门去诉求给施工企业造成压力而形成群体事件。由于事故发生后，企业会直接面对死者的亲属，利益的双方协商无果的情况下政府及其有关部门被动地牵扯进来，虽然很多死者是由于自身的安全意识淡薄、违章操作等原

因致死的，但大多数时候政府及其有关部门无论出于什么原因都会让施工企业做出让步，并且还要对施工企业进行惩罚，所以事实上大部分事故的赔付数额都超过了国家法律法规对赔偿的有关规定。这是施工企业不愿意看到的，所以才造成了许多施工企业对事故的隐瞒不报、私了的现象，施工企业宁愿经济上多受损失也不愿意另加的政府及其有关部门的惩罚和不利的社会影响，虽然大多时候施工企业并不愿意这样做。

(2)企业加强管理和如何采取应对措施的几点建议

第一，由于安全事故的发生具有客观性，因此我们在思想上要积极去面对，不要回避问题，要妥善地解决问题，减少因安全事故引起的群体事件。

第二，企业具体的安全管理工作不要缺失。往往事故发生后，有关部门会封锁现场、封存资料、询问相关人员等来认定事故责任，所以企业的安全培训教育、安全设施的投入防护、定期的检查维护、应急预案的制定及其演练都要做好，并且要记录在案留下管理的痕迹被查。往往在这时才能体现我们的管理工作做得是好还是坏，也不是说是为了应付检查我们才这样做，而是只有我们具体的安全管理工作做到位会大大降低安全事故的发生。

第三，我们要充分重视安全施工技术的管理工作。我们在安全管理日常工作中千万不要仅仅靠经验管理，要注重安全的施工技术管理，要靠科学的数据，要对重大的危险源、重要的关键的方案、危险的部位作业等要进行识别、安全技术方面的验算论证，要用科学的态度去对待安全施工技术工作。

第四，企业要加强应对新闻危机的能力。在处理安全事故时，往往110、119、120报警系统都是和新闻媒体联动的，加之如今的消息传播的范围广、途径多、速度快的特点，处理稍有不慎容易引发新闻危机，对企业造成不利影响和损失，所以要提高企业化解新闻危机的能力，在思想认识上、制度建立上、预案策划上、信息畅通上、发言人准备上、社会资源整合上等等都要做好工作。

(二)由民工讨薪引发的群体事件原因分析和如何采取应对措施的几点建议

(1)原因分析:其实由于农民工讨薪引发的群体事件大多涉嫌恶意讨薪。因为建筑业的特点特别是建筑施工企业利润率较低,统计数据显示全社会建筑施工企业平均利润在2%左右,市场还属于买方市场垫资的工程项目较多,工程进度款月支付多集中在70%~80%之间,很多建设单位故意的拖欠等诸多原因造成施工企业现金流压力很大;再加上建筑业中对农民工工资的支付惯例是每月支付一部分,在过年过节以及工程阶段性完工才进行结算和支付,在结算未完成以及劳务队伍过分的要求得不到解决时,这就使劳务公司以及所谓的"包工头"利用不知情的农民工或者故意的组织农民工(更有甚者花钱雇农民工)到建设单位、施工企业、政府部门上访静坐、拉横幅、请记者、找媒体造成群体事件。同样,是借助群体事件通过政府部门给企业施加压力,施工企业即便是拿出有力的证据说明讨薪是恶意的,主管部门一般都会本着息事宁人的原则要求企业妥善处理,这些年来建筑施工企业在对待农民工工资的问题上是非常关注的、小心翼翼的,但如果一旦出现此类的问题也往往是哑巴吃黄连有苦说不出。所以加强农民工的工资管理是施工企业很重要的管理工作。

(2)企业加强管理和如何采取应对措施的几点建议

第一,除去劳务公司及其所谓的"包工头"的利润外,其实农民工的工资所占工程总造价的比例仅在10%左右,施工企业应该每月足额发放农民工的工资并要监督真正发放到农民工手里,并且要留下记录,改变以往对农民工工资是每月支付一部分过年过节或者工程完工全部支付的惯例。"农民工工资不能欠"是硬道理。

第二,要加强对农民工的身份管理。农民工的身份管理也就是农民工实名制管理,由于农民工的流动性很大增加了农民工的实名制管理的难度,但是不管管理的难度有多大我们采取项目登记造册、刷卡进入施工现场、上班打卡等手段加强农民工的实名制动态

管理,因为在农民工讨薪事件发生后至少能够掌握哪些农民工在项目干过活以及工作的时间,也是减少有人利用农民工恶意讨薪引起的群体事件发生。

第三,项目的劳务分包管理模式有待创新。现在的项目劳务分包模式大多是按照工程的阶段(如主体、装修阶段)以及工程规模的大小不分工种地分包给一支或者几支劳务队伍,我们以包代管的模式往往我们更直接地去管理劳务队伍的劳务队长或者所谓的"包工头",很难把管理沉下去管理到各工种的施工班组,也往往容易造成工种之间管理协调的难度增大,更难对各工种的农民工数量变化、工种间的配合等情况加以掌握。如果我们按照工种的不同(如钢筋工、木工、混凝土工、瓦工等)进行劳务分包的话,项目配备不同工种的管理人员进行管理,管理深入到各工种的施工班组,我们就能更详细地掌握各工种劳动力分配情况、更好地协调各工种的配合工作,项目就能更好地掌握农民工的动态,这样对项目的履约以及农民工的身份管理都有很大的帮助和支撑作用。这种管理模式的改变增加了对项目农民工情况的更加了解,了解得越详细就越能减少农民工恶意讨薪的群体事件。

通过对容易引发建筑行业的群体事件的二种原因分析,我们不难看出虽然解决的对策和方法有很多,但一旦事件发生,企业和政府及其有关部门就会直接面对农民工,农民工和企业的各自诉求往往只能通过政府及其有关部门来解决,但政府及其有关部门在解决这类问题上顾忌又很多。所以我们缺少解决社会问题和矛盾的社会组织类的公共产品,要建立利益表达和利益诉求的平台和渠道,建立利益协商制度,社会需要排气阀、减压阀式的社会组织类的公共产品,要通过这样的公共产品来协商解决。

正如广东省委书记汪洋指出,要大力培养发展和规范管理社会组织,加大政府职能转移力度,舍得向社会组织"放权",敢于让社会组织"接力","凡是社会组织能够接得住、管得好的事,都要逐步地交给他们。"与此同时,"还要通过积极引导和依法监管,将社会组织引入规范健康的发展轨道中来。"Ⓕ

当前建筑装饰行业劳务用工的思考

——加快农民工身份转变

潘益华

（华鼎建筑装饰工程有限公司，上海 200063）

摘 要：建筑装饰行业劳务用工的历史发展；当前装饰行业劳务用工问题分析；对产生问题的深层次根源探索；农民工身份转变和政府、企业、社会通过教育体制改革、培训、技术进步等举措解决装饰行业劳动用工的矛盾。

随着中国经济发展，特别是进入 21 世纪以来，建筑装饰行业劳务用工的矛盾日渐凸显，主要表现在技术工人数量短缺、工人素质参差不齐、企业用工缺乏稳定性、工人收入变化非理性等等，这些问题不能合理解决，将会对装饰企业的稳定发展以及工人的利益保障产生极大的影响。本文试图对装饰企业用工制度和形式的变革及农民工身份的转变进行分析和探讨。

一、建筑装饰行业劳务用工的历史发展

中国现在意义上的建筑装饰行业起步于 20 世纪 80 年代初中期，随着改革开放带动经济发展和人民生活水平的提高，人民对居住、生活和工作环境产生了更高的追求，与此相伴，建筑装饰的概念进入中国，1982 年在改革开放的前沿深圳成立了第一家装饰公司。

早期的建筑装饰企业多由建筑企业组建，其工人也多是企业自有建筑工人经过一定的专业培训后转变为装饰工种，这个时期的装饰企业用工基本延续了计划经济时期企业自有职工的模式。同时，各装饰企业根据业务增长的需求，招收了一定量的具有专业基础的农民工作为劳动力的补充，此时农民工的身份基本相当于计划经济时期的临时工，其工作状态和收入相对稳定，与企业之间的联系比较密切。

90 年代以后，随着装饰业务的不断增长，各企业的自有职工逐步走上管理岗位，特别是大量民营装饰企业涌现，装饰企业也与其他建筑企业一样管理层和劳务层产生了剥离，劳务层基本由各种组织形式的农民工队伍组成，最常见的是由一个组织者（俗称包工头）召集一定数量的单一工种或多工种农民工，与企业建立承包关系，多以包清工的形式承接任务，由包工头对工人进行管理和发放薪酬。此种模式在很大程度上缓解了企业劳动力不足的矛盾，减轻了企业用工负担，吸引了大批农村剩余劳动力，对装饰行业的发展起到了较大的支持作用。这种模式一直延续至今，绝大多数装饰企业目前都在继续沿用。但是随着社会发展变迁，我国总体经济环境和人

口结构出现了较大的变化,和其他很多行业一样,装饰企业的劳动力资源矛盾逐渐显现。

二、当前装饰企业劳务用工主要问题的现象分析

结合工作中的体会以及对同行业其他企业的调研了解,我们发现多数装饰企业当前在劳务用工方面都面临很多共性的问题,主要表现在:

1.劳动力短缺。随着中国经济的持续增长,建筑装饰市场规模也相应快速扩大,但是劳动力资源数量并未见明显增长,技术工人(特别是较艰苦工种的工人)数量还有减少的趋势,技术工人的年龄老化现象也开始显现。由此导致装饰施工企业不同程度的产生了劳动力紧张的现象,企业业务拓展和项目履约受到一定影响。分析其原因,一是早期走出来的装饰工人多是在农村从事相应工作的农民工,如木工、瓦工等,他们大多经过师徒传授,具有一定的技术能力,简单培训后很快能够成为熟练技工。但是这一批工人目前年龄多在40岁以上,年龄老化现象已经凸显。二是年轻一代农民工基本上是走出中学校园就进入市场,未经过专业工种培训,虽然文化素质较高,但是技术水平很难满足业务要求。三是新一代农民工大多是独生子女,建筑装饰行业施工条件相对艰苦,他们从主观上不愿意从事此类工作。

2.工人技术水平参差不齐,平均技术水平呈下降趋势。装饰工程的特点对工人的技术水平和素质都有较高的要求,而由于上述劳动力短缺的原因,为填补劳动力的不足,大量未经培训的工人加入了劳务队伍,造成了企业总体施工水平的不稳定甚至下降。

3.工人流动性大,企业管理难度增高,潜在风险加大。早期的装饰企业劳务队伍以及每个队伍中的人员都相对稳定,既便于管理,也保证了企业生产水平和工程质量的稳定。但近年来由于供求关系的紧张,企业或地区之间劳动报酬因供需关系产生了一定差异,利益追求驱动农民工开始大量随机流动,同一个装饰企业在不同项目甚至同一个项目的不同阶段或工作区域所使用的劳动力技术水平可能都会产生较大波动,给企业的履约和信誉造成不良影响,工程的潜在质量风险隐患也势必增多。同时也带来一定的社会问题,地方政府对行业用工管理难度增加,农民工的自身利益保障风险也加大。

4.企业用工成本增加,劳动力薪酬增长非理性。装饰行业劳动力的供不应求必然造成劳动力价格的上涨,但是由于装饰行业农民工没有专业工种资格和技术水平的认证,难以制定分级薪酬制度和相对公平的薪酬标准,企业大多只能按工种统一标准支付薪酬,大量低技能的工人也享受了熟练技术工人同样地报酬,薪酬增长因此呈现非理性的状态,无形中增加了企业成本,也对行业工人技术水平的提高产生了不良影响,不利于整个行业的健康稳定发展。

三、对上述问题的深层次根源的思考

装饰企业面临的用工问题,我们有足够的理由将其定义为社会问题,究其根源主要体现在以下几个方面:

1.农民工身份的模糊和不确定性。农民工是我国特有的城乡二元体制的产物,是我国在特殊的历史时期出现的一个特殊的社会群体。因其特殊性,从社会到农民工群体对农民工身份的认定上都存在极大的矛盾。工业化和城市化的发展必然将农村剩余劳动力向城市和工业产业输送,其身份也由农民转变为稳定的产业工人和市民,但是我国由于城乡二元体质和严格固化的城乡户籍限制,由此派生出一系列的矛盾和问题,农民工进入城市后不能享受市民待遇,没有相应成型的社会保障体系,这导致农民工身处城市却游离于市民之外,缺乏身份认同的基础。他们缺乏安全感和归属感,生活和工作多处于长期不稳定的状态。这些因素导致了农民工大量的无序流动,给企业管理和政府规范市场带来极大的难度;同时,大量农民工在超过一定年龄(远未到城市工人退休年龄)后或因企业拒用(没有稳定的劳动关系和保障)或自我选择返乡,造成技术工人的流失从而引发用工紧张。

2.教育体制改革的导向问题。我国的教育体制改革过于偏重普及高等教育，职业技能教育多趋向于服务业和加工制造业。而作为我国支柱产业之一的建筑业却极度缺乏职业技能教育和培训资源，特别是建筑装饰行业中大量复杂的工艺要求和对产品的精细要求，需要工人具备较高的技术素养，未经技能培训很难胜任工作。技能教育的缺位如不能解决，年轻一代农民工或将成为身份更模糊的既非农民亦非工人的一类群体，导致装饰行业整体工人技术水平的下降，势必影响整个行业的发展水平。

3.行业客观条件和主观选择。众所周知建筑装饰工程施工的工作强度高、工作环境相对艰苦而且对技能要求高，长期以来都是由农民工承担起了施工工作，随着农村经济发展和生活条件改善，年轻一代农民务工已经很少选择建筑装饰行业。

4.企业缺乏主动性。很多装饰企业都面临并已经认识到当前劳动力资源的问题，但是在解决问题方面多采取观望等待的态度，缺乏引导和主动措施，甚至采取恶性竞争的手段，激化矛盾，致使劳动力市场继续向紧张无序的方向发展，企业将越来越面临更高的管理难度和运营成本。

5.政府管理缺位。各级政府对解决建筑业农民工问题和农民工管理都倾注了一定的精力，很多地方也出台了若干政策，但是多未涉及根本问题，出台的政策大多将压力转嫁到施工企业，而且在政策执行力度上或许因为政策的不完善或不够公平而不够坚决，造成了政府管理缺位的状况。

四、解决问题的举措

解决装饰企业面临的劳务用工问题，我们要有足够的决心和耐心，政府、企业、社会都要承担起责任。若要根本解决，需要一个长期努力地过程，必须彻底摈弃城乡二元体制，取消户籍限制，建立完善的社会保障体系，将农民工身份真正转换为城市产业工人。在现阶段，我们处在社会转型期，面临很多难题，不可能一蹴而就，但是可以采取举措循序渐进地分步解决。

1.首先政府要起到主导作用。政府在政策制定和舆论引导方面要有明确的思路和科学合理、公平的标准，在体制变革上要制定时间表，有序地引导农民工逐步实现身份的转换。各级政府在这方面已经做了大量工作，如农民工权益保障、社会保险、子女入学等方面制定了大量的政策，取得了一定的成效。但很多地方政府在制定和执行政策时有失偏颇，忽视了企业的利益。固然农民工在现阶段是弱势群体，需要政府和社会提供足够的支持，但是政府的职责更多时候应该公平地兼顾各方利益，不能受大众情绪影响。

针对建筑装饰行业，希望各地政府能够在农民工组织模式、规范企业用工行为、实现技术工人资格、技能考核和等级认证、引导工人规范务工、合理指导薪酬等方面加快制度法规建设，将农民工固化为稳定的产业工人。

同时，政府还应该积极引导改善工人从业环境，目前建筑业农民工生存和工作环境都相当艰苦，其居住、饮食条件都十分恶劣，政府完全可以在立法上明确农民工生活、工作环境底线，像强制推行安全文明施工措施费一样确保业主和企业的保障投入到位，维护农民工尊严，让他们增强自信，在城市中体面的工作生活，改善社会对农民工的认同感。

2.企业在用工行为上要积极主动探索。企业作为用工的主体，在改善劳动力市场环境、提高劳动力素质方面有当然的责任。

首先企业要依法用工。建筑装饰企业过去在用工上为减轻负担基本没有规范地合同关系，用工多为项目短期雇工，这也使工人没有归属感，导致劳务队伍的不稳定，企业在劳动力技术水平和工人数量上难以保持均衡，不利于企业的长效发展。

其次企业要加大培训投入和力度，提高工人的技术水平，特别是对刚走出校门的年轻工人，应该有针对性地进行技能培训，现阶段通过调动发挥企业的主动行为和社会责任，是提高全行业工人素质和解决技工紧缺局面的有效而快捷的途径。当然，行业主管部门需要在政策引导和加强企业自律、防止企业培养人才非正常流失方面制定相应规范、法规，保护企业的积极性。

三是企业要积极改善工作环境，加强技术创新，提高效率，增强行业对从业人员的吸引力。工厂化加工、现场成品装配是装饰业发展的趋势，这将极大降低劳动强度、提高劳动效率，改善装饰施工现场工作条件，改变大众对建筑装饰行业工作艰苦的认识，吸引更多从业人员。

3.社会支持。 除了政府的政策主导，企业自觉行为，社会的支持也是改变当前建筑装饰企业农民工用工问题必不可少的条件。

社会舆论对农民工身份的定位是农民工身份转变的关键因素之一，最近的调查显示，绝大多数新生代农村进城务工人员对"农民工"的称谓不认同，他们现阶段更希望被称呼为"外来工"或"职工"，社会舆论的认同是对他们身份转变最直接的接受和肯定，也是农民工融入城市，实现向稳定产业工人转变

的最直接动力。

社会相关机构应利用各种资源，采取丰富的形式加强对农民工的技能培训，新生代农民工中，80%以上没有务农经历，超过1/3属于离开学校就进城务工，没有经过传统的师徒技术传授，也没有工作经历和社会经验。因此他们对技能培训特别是免费技能培训的需求十分强烈。

建筑装饰行业是一个充分竞争性的朝阳产业，其准入门槛低，但是产品要求高，手工作业是施工的主要手段，因此合格的高素质技术工人是装饰企业的核心竞争力之一，而现阶段大量的用工多是自发组织、自由度极高的未经正规教育培训的农民工群体，因此装饰企业更迫切地希望拥有稳定的、技术精湛的专业劳动力资源。如前所述，如果政府、企业和社会能够形成共识，共同努力，早日促进农民工转变为城市产业工人，将对装饰产业的发展提供根本有力的支持。⑰

建筑节能为玻璃钢门窗带来广阔发展空间

国家对建筑节能的要求越来越高，对建筑节能的要求也越来越明确。"十二五"规划对建筑节能提出了相应的要求。而此前国家也颁布了多项建筑节能的设计标准和技术规范。

所有这些标准、规范的出台都预示着环保节能的玻璃钢门窗将迎来更广阔的发展空间。玻璃钢门窗将以其节约能源、节约资源、美化市容等优势得到更快地普及和应用。

但目前玻璃钢门窗的市场占有率还很低，玻璃钢门窗行业的发展还任重道远。有专家指出，玻璃钢门窗行业应该抓住机遇，在行业治理、产品研发上积极努力，为玻璃钢门窗的发展提供更好的条件。如改进型材生产设备、稳定工艺配方，提高门窗的组装技术及安装水平，开发多系列的门窗，提高市场的适应能力等等。

事实上，国内一些玻璃钢门窗生产企业已经开始注重这些问题，并在生产中加以解决。比如，在门

窗业有个多年解决不了的"顽疾"——由于门窗外立面与墙面在一个平面上，下雨的时候，雨水很轻易倒灌到窗户槽内，这个问题已经困扰门窗生产企业多年。有的企业就先将雨水倒灌问题放到重要位置加以解决，经过技术人员的研究开发后，通过在窗户底檐立面设计斜立面外形批水的型材拉挤技术，阻止水流倒灌。

在开发多系列门窗方面，国内企业也取得了很大成绩。其中，大部分产品都在隔音、节能环保上做足了文章。玻璃钢门窗价格略高于塑钢门窗，但通过相关科研攻关，研制经济型产品，会让更多的百姓可以使用上这种新型"绿色"门窗产品。

就像任何新产品都会碰到的问题一样，人们对玻璃钢门窗现在缺乏深入的了解和熟悉，但这种情况会逐渐改变，因此，作为门窗行业的新秀，玻璃钢门窗必定会如人们所期待的那样，为建筑的节能和环保做出优异成绩。

试析中国工程承包企业的
国际化发展战略

周 密

（商务部国际贸易经济合作研究院，北京 100010）

工程承包商尚未行动，与其紧密相关的工程机械行业又掀起一次海外扩展的高潮。1月31日，柳工宣告完成对波兰 HSW（Huta Stalowa Wola）工程机械业务的收购；同日三一重工宣布联合中信产业投资基金，斥资 3.6 亿欧元收购德国混凝土机械巨头 Putzmeister100% 的股权。受其支撑，中国的工程承包企业的国际化面临更好的发展机遇，需要认真思考和完善国际化发展战略，从企业高层明确认识新时期国际化战略确立和更新的重要意义，考虑适合企业且风险可控的国别地区阶段性战略布局，选择适当的切入和重点发展行业领域，并通过切实有效的措施，突破发展瓶颈，实现国际化支持下企业的可持续发展。

一、放眼未来，认清国际化发展战略重要作用

中国的工程承包企业的国际化起步较早，与中国对外援助发展历程息息相关。彼时的国际化业务以完成成套项目为主，具有较大的独立性和不可预料性。项目的发展难以由企业自身决策决定，其国别地区分布更是零散，对于需要组织较大人员和设备力量、远赴海外的中国工程承包企业而言，更多的是一种挑战。企业根据任务的需要，组织专业的队伍，经过长途跋涉，来到项目所在地。因当地配套设施不健全，既需要从国内运输大量物资，又要克服环境恶劣、气候差异大、蚊虫野兽侵袭的种种困难。企业付出了巨大的成本，按照市场标准来看甚至是"不经济"的。

然而，中国的工程企业经历几十年的发展，积极开拓海外市场，以初期项目为基础，逐渐拓展海外市场，由点带面、稳步发展，逐步形成了区域优势，甚至占据一些地区或市场领域的较大份额。传统业务市场规模较为有限，中国企业间的竞争更为普遍，企业项目利润空间逐渐缩小。在遭遇发展瓶颈期的时候，企业有必要改变粗放、随意的发展模式，确定适合自身发展的国际化战略，指导业务的开展。

纵观全球工程承包巨头，排名靠前的企业几乎无一例外的经历了从国内业务为主向国际业务占有较大比重的发展历程。要保持较高的利润率，提升其应对市场风险的能力，国际化发展战略是不可或缺的。通过国际化发展战略，企业可以描画未来发展蓝图，确定着力重点和发展步骤。应该说，国际化发展战略是引导中国工程承包企业实现可持续发展的指针和航标，是企业总体发展战略中必不可缺的重要组成部分，与企业的其他发展战略密切相关。

21世纪进入第二个十年，经济持续平稳上升的趋势被美国次贷危机引发的全球经济危机所替代。危机的余波未平，国际经济环境出现重构，地区需求发生显著变化。在全球经济出现重大转折的时期，判断市场发展方向，确立或相应调整原有的国际化战

略,对于中国工程承包企业而言,是有利的,更是必要的。

二、从易到难,确定风险可控的地区发展重点

从地区分布来看,我国工程承包企业目前的国际业务仍然以亚洲为主,非洲和拉丁美洲次之,部分企业进入欧洲市场,而在其他地区的工程业务规模则相对较小。企业业务市场分布的这种格局是由历史决定的,也与当前企业的实力水平相适应。

为支撑企业的国际化发展战略,工程企业需要重新审视和判断国际业务市场的发展趋势。从工程建设需求上,广大发展中国家正处于快速工业化的进程中,基础设施建设和完善的需求较大;而发达经济体则基础设施相对较为完善,但对于部分国家而言,也存在老旧设施改建和功能提升的需求。由于工程项目大多对资金和时间有较高的要求,企业需要根据自身的优势能力和发展意愿,按照从易到难的顺序,在确保风险可控的基础上逐步拓展业务。

亚洲地区,东南亚国家在东盟框架下需要进行区域一体化的建设,而这一地区与中国相邻,也是企业"走出去"最早到达的地区,是企业发展的重要市场;日韩地区的基础设施需求相对较小,且市场相对封闭,不易进入;中亚国家位于欧亚大陆桥的枢纽位置,也是连接俄罗斯与中国的关键地区,地理位置重要,交通基础设施发展潜力较大;南亚地区的发展需求较强,但需要更多考虑政治外交因素;西亚地区国家资金较为充足,基础建设需求较大,支付能力较强,但同时也是全球工程企业竞争最为激烈的地区之一。

非洲国家的基础设施发展需求较强,在提高人民生活水平、完善工农业基础设施方面都有较大的发展空间。北部非洲地区尽管经济相对发展水平较高,但受"茉莉花革命"影响,2011年来政局不太稳定,政权更迭使得不少工程项目面临中途停工,给企业造成损失较大,但战后重建也会催生新的市场需求;撒哈拉以南非洲国家经济结构相对单一,尽管支付能力有限,但可以通过加强经济发展相关的工业类基础设施建设,增强经济发展动力。

拉美地区传统上受美国的影响较大,已经通过多个经贸协议建立了区域一体化机制,在跨越美洲大陆的交通互联互通方面有一定的需求。而拉美地区由于矿产资源储量丰富,气候条件较为适宜,在资源开发、储运领域存在需求。但由于语言和文化差异,工会传统力量较强,开拓该地区市场的发展挑战不小。

欧洲地区在欧盟扩展后给原来进入东欧国家的企业带来机遇,但"欧元危机"短期仍难消除,政府财政政策收紧降低公共支出水平,货币金融波动在一定时期内压缩未来市场发展空间;俄罗斯地大物博,基础建设仍有较大发展空间,但气候寒冷时间长,施工难度较大。

北美地区是全球最重要的建筑工程市场,也是ENR225强最为集中的地区之一。奥巴马政府提出的扩张性财政措施为工程企业的未来发展提供了空间。但需要注意的是,尚未正式成为《政府采购协议》成员的中国企业,可能受相应的壁垒限制而无法直接参与美国庞大的政府采购项目。

三、立足传统,积极进入新兴高利润行业领域

根据中国工程行业的分类,对外承包工程可以分为房屋建筑、制造及加工业、石油化工、电力工业、电子通信、交通运输建设、供水排水、环保产业建设、航空航天、矿山建设及其他共11个大类。从目前的行业分布上,工程企业的营业额最多来自房屋建筑领域,其次为石油化工、电子通信和制造及加工业;相比而言环保产业建设和航空航天的营业额贡献最低。

面对各国经济发展的不平衡性,结合产业升级的需求,中国工程承包企业不能仍然局限于传统的优势产业领域。在国际化产业发展战略的制订时,应结合国别地区战略,根据不同国家的产业重点,力争尽早进入利润率相对较高的产业或行业领域,以确立或获取先发优势。

尽管受美国次贷危机和多国房地产泡沫破裂打击,人口的持续膨胀和需求层次的提升使得房屋建筑需求仍将在长期存在。但绿色建筑理念正逐渐推广,能够抵抗自然灾害侵袭、能够适应环境剧烈变化的特种需求住房建设领域值得关注。

发展中国家的工业化和部分发达国家提出的"再工业化",为制造和加工业的工程提供充足的需求。此类工程项目应充分考虑适应当地的地理环境,并考虑产业链的配合和对环境保护的需求。高技术的制造设施对于加工车间的柔性可变设计、特殊生产环境有更高要求。

由于汽车消费量和石化产品工业级消费需求的持续增长,石油化工工程的规模不断增大,但受资源供应总量限制,石油化工类工程建设市场远期并不乐观。在市场供过于求的情况下,拆除相关石化设施、改建其他工程项目或恢复自然环境的工程需求可能存在。

电力消费是现代社会的标志和基础。传统的发电和电力传输系统正遭遇愈来愈大的电力供应缺口的挑战,升级现有系统、建设安全核电、应对水力发电困境的需求旺盛。

电子通信对于网络基础设施建设要求较高,不仅涉及中继传输和网络覆盖,而且面临网络升级的挑战。美国奥巴马政府提出的下一代无线网络全国覆盖的目标将给设备供应商和工程施工企业提供大量的机会。

交通运输建设需求强劲,对于提高物流安全性和效率至关重要。美国提出的高速铁路网建设已经提上议事日程,多个区域性组织的交通互联互通也值得关注,但标准选择和应用上可能存在挑战。

矿山资源开发、矿石运输和矿产品加工需求较大,且随着勘探、开采深度的增加,相关工程需要面对更为复杂的地质环境,难度相应上升。

环保产业建设需求旺盛,废弃物的处置、环境的恢复,以及传统工程设施的改造的需求在低碳经济背景下显得更为突出。而这一领域由于工程企业数量较少,总体处于供不应求的状况,利润率比其他传统产业高。

四、真抓实干,详细制定是国际化战略配套措施

切实可行的配套措施是工程企业成功实现国际化战略的必要保障。企业往往需要根据外部发展环境,寻求产业链上下游和相关行业企业配合,以提升

合作伙伴的共同价值。

加强信息的搜集、整理和解读。利用资讯时代的各种信息渠道,根据企业国际化战略的国别地区重点,查找与企业相关的包括法律法规变化、国家地区发展规划、产业重大事件等信息,认真分析解读这些信息会给企业的未来市场占有率、项目执行成本造成的影响,为企业确定行动步骤提供参考和依据。尤其应该充分用好企业在已承担项目中与业主的良好关系,争取获得先发优势。

加强自身资源管理,优化企业组织结构。国际工程企业发展初期以项目组为主,企业往往围绕项目实际需求配给自身资源,从而有针对性地保持执行效率。随着项目数量的增加,需要考虑的项目较多,可能出现资源分配冲突。企业需要相应调整自身组织机构。如果某些地区的项目较为集中,可考虑设置地区业务分部;如果在某些行业领域竞争力较强或计划增强该领域的资源配给,可考虑设置行业业务分部,从而提高对业务发展的支撑力。组织应该是柔性的,能够根据需要相应变化的。

吸引并留住人才,增加人力资源积累。国际化发展战略的成功实施,需要以国际化的人才资源为基础。随着劳动力成本的上升、各国对外籍劳务入境的限制愈发严格,传统的成建制带出的工程承包项目面临必要的转型。人才的本地化,当地标准的学习和运用,对于企业的国际化发展而言至关重要。经过几十年的发展,不少工程公司的项目已不再是零散的,在地域和行业上已经能够较为连续,这对于用好外部人才资源,提供更大的发展舞台是十分有利的。

适当采取并购或产业链战略合作方式,抵御外部不确定性风险的冲击。工程项目所涉及的设备种类众多,在一些工业基础薄弱、产业配套能力不强的国家,甚至面临着设备维修无零件的困境。工程承包企业的国际化,不能仅仅依靠国内设备、材料、资金的外派,而需要更好利用国际资源,在国际化大舞台展现风采。通过整合产业链上下游的研发、设备生产、运营维护等企业资源,或者与行业相关的材料制造、建筑服务等相关企业形成战略联盟,可以有效满足业主单位多样化的需求,提升企业在国际市场的竞争能力。

大型国有建筑企业薪酬分配的思考及对策

罗加琳

(中国建筑股份有限公司人力资源部，北京 100037)

建筑业是我国国民经济的支柱产业,当前,建筑企业的发展面临着国内外经济形势变化、企业经济发展方式转变等多重因素的影响。人才作为企业的第一生产力,对于建筑企业的发展和转型起着尤为重要的作用,如何吸引和激励人才,关系到建筑业经济发展方式的转变能否成功。本文从当前建筑企业分配面临的新形势、当前建筑企业分配中存在的问题及原因以及对当前分配工作的思考和对策三个部分,对大型国有建筑企业的分配问题进行了阐述,提出了大型国有建筑企业在新时期薪酬分配工作的主要任务。

一、建筑企业分配面临的新形势

(一)国内外经济形势变化对分配格局的影响

2008 年全球金融危机以来,国家出台了 4 万亿元投资在内的一系列扩内需、保增长的政策措施,有力地带动了国内建筑业的发展,到 2010 年,已经有 5 家中国建筑企业进入世界 500 强。今后 20 年,我国基本建设投资规模还将继续保持较高水平,而城市化进程加快和投资体制改革等,都为建筑市场的发展提供了广阔的空间,这对提高建筑企业效益水平,提升建筑企业职工收入水平提供了保证。

(二)企业经济发展方式转变对薪酬分配的影响

中央提出,把加快经济发展方式转变作为深入贯彻落实科学发展观的重要目标和战略举措,毫不动摇地加快经济发展方式转变,不断提高经济发展质量和效益,不断提高我国经济的国际竞争力和抗风险能力。建筑企业处在完全竞争性的市场环境中,其发展与国家宏观经济调控政策的联系最为紧密。同时,国有建筑企业在管理体制、经营机制、核心竞争力等方面与国际先进承包商存在较大差距,造成企业规模不断扩大,但产值利润率低、抵御风险能力差、资产负债率高、现金流紧张,建筑企业依靠规模扩张的传统发展模式没有得到根本的改观。因此,大型国有建筑企业经济发展方式转变,需要从劳动密集型向技术密集型、粗放型向集约型、速度型向效益型、规模扩张型向发展质量型等几个方面进行转变,逐步发展成为以资本运营、专利技术、工程总承包等为核心的覆盖工程建设完整产业链的综合管理型建筑企业,实现由中低端业务向中高端工程总承包及建设投资业务的转型。建筑企业经济发展方式转变的制约瓶颈是人力资源,很多建筑企业支撑企业结构调整和专业板块发展的核心岗位人才比例较低,代表企业人才队伍综合实力的高端领军人才严重匮乏。这些都要求建筑企业吸纳大量的工程总承包、地产投融资、项目运营、EPC、建筑原创、海外工程现场管理以及铁路、港口、基础设施等各专业的高端和复合型人才，而如何吸引与激励这些人才，对建筑企业的分配工作提出了更高的要求和挑战。

(三)公司上市对薪酬分配的影响

随着中国资本市场的快速发展，越来越多的国有建筑企业进入资本市场谋求更快的发展。如中国建筑、中交、中冶、铁工、铁建、葛洲坝等中国之名的建筑企业都已先后进入资本市场成为上市公司。在上市公司中，合理的分配制度是有效公司治理的有机组成部分，在公司治理结构中发挥着非常重要的作用。国有建筑企业成为上市公司后，要求企业尽快建立适应现代企业制度要求的分配制度，在薪酬分配上处理好股东利益和企业职工利益之间的矛盾，既保护股东利益，又维护企业员工利益，企业只有善待员工，充分考虑员工的利益要求，才能实现企业的长远发展，才能确保企业利益并由此保障股东利益。建筑企业上市，对提升分配工资的管理水平起到积极的促进作用。

(四)建设和谐社会对薪酬分配的影响

党的十六届四中全会明确提出要构建社会主义和谐社会，五中全会再次强调推进社会主义和谐社会建设。和谐社会，关键是收入分配和社会保障；和谐企业，关键是收入分配和职业发展，收入分配和谐是企业和谐的基础。建设和谐社会、和谐企业，要求企业处理好分配关系，提高薪酬分配的科学性，解决收入不公的问题。

(五)人才市场化对薪酬分配的影响

建筑业是充分竞争的行业，人才的流动是建筑企业的鲜明特色。人才市场化水平的提高，要求薪酬分配制度也要适应这个变化趋势。

二、企业分配存在的问题和原因

(一)企业薪酬制度改革欠缺先进理念的指导

一是没有从战略上认识薪酬分配的重要性，不能或不会从企业发展战略的高度思考薪酬制度改

革问题，使得企业的分配制度改革步伐缓慢，力度不足，创新不够，或者是虽进行了分配改革，但是形式大于内容，没有真正解决企业分配中的主要矛盾，没有很好发挥薪酬分配的作用。

二是缺乏系统的现代人力资源管理理念，把握不好薪酬管理在人力资源管理体系中的位置及其与体系内其他部分的关系。

三是缺乏现代薪酬理念，不掌握现代薪酬制度的基本内容，仍停留在传统的工资概念层面上。

四是缺乏投入产出意识，缺乏对人工成本科学分析和控制的认识，把握不好产出与投入的关系。很多企业没有把人工成本控制与薪酬激励机制紧密结合起来，不能很好地引导企业管理者节约人工成本，人工成本指标形同虚设，处于不考核、不设防、不控制的状态。

五是欠缺科学的公平理念，把握不好如何合理拉开分配差距，如何有效发挥薪酬激励功能。

(二)薪酬制度建设基础薄弱

一是组织机构和岗位设置不合理。相当一部分企业存在因人设岗、岗位重叠、岗位职责不清、管理流程混乱等情况，直接制约着科学制定薪酬制度，正确确定薪酬标准、合理安排薪酬关系。

二是岗位分析工作不到位。在岗薪制改革的实际操作中，不少企业因为测评难度大或者因受到阻力，没有进行岗位分析这一基础环节，造成企业虽在名义上实行岗位工资制，但实际仍是以职位或岗位等级高低来确定薪酬的职位等级工资制，薪酬水平没有反映不同岗位的相对价值。

三是是绩效考核的针对性、及时性、科学性不够。一些企业虽有绩效考核制度，但由于绩效管理体系与企业战略脱节，未健全对专业技术人员、管理人员的科学的考核指标及考核标准，员工的收入没有真正的与个人的工作绩效挂钩。部分企业还存在着绩效考核结果与薪酬发放脱节或结合不科学的现象。还有的企业根本就未建立内部考核分配方案，奖励标准均临时确定，随意性较大，使奖励产生了负效应。

（三）薪酬制度设计不够科学

一是薪酬制度内部不成体系。建筑集团所属企业多、业务宽、国内外战线长，企业间薪酬体系不统一、多种分配制度并存，会造成考核制度不统一、分配尺度不统一和分配上的不公平，特别是同一业务板块的企业，薪酬制度没有表现出共有的特点。

二是薪酬结构不够合理。同一薪酬制度内各薪酬单元设置不当，或偏多偏杂，或过于简单不适应对相关人员进行薪酬分配的需要。固定薪酬与浮动薪酬比例不适当。

三是一些企业的薪酬分配缺乏内部公平。部分企业无法抛开主观评价，管理岗位的职责大小难以客观定量评估，给以此为基础的岗薪的制订和合理拉开不同岗位之间的薪酬差距带来较多困难。在薪酬设计中，特别是一些老企业过多考虑感情平衡、企业稳定以及员工心理承受能力等因素，也使薪酬分配难以与岗位和员工工作业绩紧密挂钩。

四是多数企业都缺少对企业经营者和骨干人员的中长期激励措施，使得企业经营者更加关注企业当前业绩，不利于企业的可持续发展。

（四）薪酬管理不到位

一是管理权责不清晰，企业集团管什么，分、子公司管什么权责边界不清，有些企业管得太死，有些则完全"放羊"。

二是一些企业对薪酬分配的管理理念和管理手段不能满足现代企业分配制度的要求。

三是对市场薪酬情况调查少，可比性、针对性不强，这使得如何确定不同业务板块、不同地区、境内外企业之间的合理差距缺乏科学依据。

四是多数企业没有建立起薪酬的正常调整机制，薪酬水平调整随意性较强。对岗位职责内容调整后的工资调整没有跟上，不能有效的对岗位和工资实行动态管理。

（五）部分企业存在内部分配关系不顺的问题

一是高岗低薪、低岗高薪现象并存。由于薪酬制度的设计缺陷，一些企业对关键岗位和骨干人员激励不足，薪酬水平低于社会水平，而一般性岗位人员的薪酬水平又高于社会水平。

二是分配中存在平均主义，同职级不同贡献人员收入差距未拉开，骨干人才有效激励不足。

三是部分企业高中层管理人员收入偏高，与一般员工收入差距偏大。如 2010 年对 1672 家上市公司的薪酬调查，建筑业和房地产业的公司高管与员工薪酬的绝对和相对差距都位列差距都位居前列。

三、对当前分配工作的思考和对策

提高社会公众幸福感是当前社会上的一个热门话题。如何提高社会公众幸福感，2011 中国人幸福感大调查给出了答案，在提高公众幸福感的各项手段中，提高工资排在首位。而在是否感觉幸福的人群中，企业领导幸福感最强，而农民工的幸福感最低。由此可见，提高职工收入水平，减小不合理的分配差距，是提高企业职工幸福感的最有效手段。而具体到办企业的目的究竟是为股东带来最大利益，还是为员工获得幸福？日本经营之圣稻盛和夫的回答是：只有坚持为全体员工谋求物质和精神两方面的幸福，并以此为企业的奋斗动力，才能使全体员工与企业同心协力，共同前进。我们是否可以说，办企业的目的不仅是创造股东价值，更要让员工获得最大的幸福。

（一）处理好分配中效率与公平的关系

党的十七届五中全会提出坚持和完善按劳分配为主体、多种分配方式并存的分配制度。初次分配和再分配都要处理好效率和公平的关系，再分配更加注重公平。

公平不等于平均主义，公平是竞争机会的公平，收入分配的公平，决策参与的公平。体现在分配上，就是坚持"效率优先、兼顾公平、效益决定分配"的原则和"业绩升、薪酬升、业绩降、薪酬降"的分配理念。

企业分配关系关系到企业广大职工的切身利益和积极性的发挥，因此和谐的分配关系是企业和谐的重要方面。企业应重视建立统一和谐的薪酬分配体系,在合理拉开收入分配差距的同时,处理好效率与公平的关系,比如,要处理好企业内部不同板块之间,同业务板块不同企业之间,企业负责人与一般员工之间,企业总部与下属企业之间,关键岗位与一般岗位员工之间,国内与国外员工之间的分配关系。同时,保护和鼓励适当的收入差距,警惕和避免差距扩大化的趋势,只有坚持分配问题上的辩证法,才能兼顾公平与效率,共创企业和谐。

(二)实施有效的人才激励措施

毛泽东说,世间一切事物中,人是第一可宝贵的。对于企业,人才是第一生产力,是企业确立竞争优势,把握发展机遇的关键。对于处在经济发展方式转变时期的大型国有建筑企业,必须要实施以吸引和留住核心员工为重点的薪酬战略,加大对人才的吸引、开发、激励力度,用先进的分配管理创造具有国际竞争力的人才优势,要拥有一批院士、大师和专家提供强有力的人才支撑和智力支持,努力成为建筑与地产界优秀人才汇聚的平台,提高企业的核心竞争力。

一是建立有利于各领域人才成长的职业化发展通道,使不同业务方向的员工都有适合自身的发展通道,并给予相应的收入提升空间。有效培育更多企业所需的各领域专家;优化薪酬结构,提高员工收入,全面提升人力资源管理水平。

二对特殊人才实行特岗特薪的分配政策。对企业急需的特殊经营管理和专业技术人才,可在企业现行分配制度外实行如谈判工资制等特殊的市场化的分配形式,由双方根据工作内容和要求协商确定聘用期的工资待遇标准。

三是实施有效的人才激励政策,强化激励重点,提高关键人才的收入水平和使用效率,增强收入分配的弹性,对于技术骨干应该按照其创新能力、工作特点、业绩贡献构造强有力的激励机制。报酬制度可以多样化,设法解决工资水平与人才价值及市场价位脱节的问题。

四是通过分配手段引导人才的有序流动。如通过建立国际化人才的激励政策,提高海外薪酬的吸引力,解决海外人才的激励,为建筑企业实施"走出去"战略提供人才保障;如通过制定优惠的薪酬分配政策,鼓励企业骨干人才到边远地区企业和困难企业工作。

五是解决好青年员工的激励问题。青年员工已经越来越成为大型国有建筑企业的骨干力量,激励好青年员工,就是保障了企业的未来。合理的分配水平,是对青年员工价值的肯定;而合理的分配制度,将有助于青年员工对自身价值的追求。

六是建立重能力、重实绩、向关键岗位倾斜的分配制度,增强职工的岗位观念和竞争意识,破除分配中的论资排辈和平均主义,使工资水平做到能增能减。

(三)处理好分配关系,调动各类员工积极性

党的十七届五中全会提出:合理调整收入分配关系,规范国有企业收入分配机制,是合理调整国有企业与其他企业收入分配关系,构建社会主义和谐社会的重要措施。

一是处理好企业内不同业务板块之间的分配关系。如房地产业务是建筑企业利润的主要来源,而国内外建筑承包企业则是公司规模、品牌的主要支撑。不同业务板块企业的薪酬水平的高低应综合考虑企业的效益状况、行业特点、薪酬市场化程度、贡献度、企业人力资源配置以及行业薪酬水平等因素,并通过科学的增长机制对不同业务板块企业的薪酬水平加以调节,抑制少数企业收入水平的过快增长,缓解不同业务板块企业之间收入差距过分扩大的趋势,将企业之间的收入差距控制在合理的范围内。对于业务类型、经营规模、效益水平相近的单位,职工分配水平应大体相当,以促进企业之间人才的有序流动。

二是正确处理企业内部各类人员的收入分配关系。收入水平的调控要立足于让全体员工共享改革成果,注意平衡企业内部各类群体的利益关系,消

除不合理分配差距。企业经营者年薪水平应保持与职工收入分配关系协调、差距合理,并参考行业社会平均工资水平,企业负责人薪酬应与职工收入增长挂钩,单位员工平均工资未增长的,单位主要负责人的年薪不得增长,形成企业负责人与职工的分配关系双赢;企业在加大对关键岗位、骨干人才激励力度的同时,还应不断提高中低收入职工的工资收入水平,调节过高收入职工的收入水平,使相互之间的收入差距不过于悬殊。同时着力改革企业内部分配制度,引入竞争机制,为每个人提供平等竞争的机会。

(四)建立统一的薪酬分配体系

大型国有建筑企业应建立统一的分业务板块、分专业类别的薪酬分配体系,这种统一是企业薪酬分配理念、分配政策、薪酬结构、薪酬管控流程等的统一,具体到薪酬标准上,仍要体现企业效益的差异和员工岗位的差异、考核的差异。实现所属不同企业之间由多种薪酬分配制度并存向统一薪酬分配制度转变,通过薪酬分配标准化,使公司所属企业在岗位设置、绩效考核、薪酬分配等方面实现规范化、标准化管理,提高薪酬分配的外部竞争性和内部公平性。促进企业薪酬分配的规范管理和企业间人才的合理流动与配置。

(五)完善薪酬分配的绩效考核管理

发挥业绩考核在薪酬分配中的导向作用,构建薪酬分配与责任风险和业绩贡献相挂钩的全方位的薪酬考评体系。强调以业绩论英雄,在企业内部树立鲜明的业绩导向,使薪酬发放与企业效益、个人绩效的直接挂钩。

对企业负责人,要建立年薪挂钩考核办法,薪酬水平与企业效益和个人业绩考核紧密联系,做到"业绩升、薪酬升、业绩降、薪酬降"。提高考核结果的科学性,使企业负责人薪酬与其承担的责任、风险和贡献相匹配。

企业应制定覆盖内部各部门、部门负责人和一般员工的绩效考核办法,建立符合本企业特点和实际的考核方式,做到明确考核主体、分解落实考核指标、科学评价绩效水平,实现考核关口下移和工作压力逐级传递。

与薪酬挂钩的绩效考核指标不仅要考核企业的规模,还要考核企业的发展质量,形成符合建筑企业实际的考核评价管理体制和机制,强化激励约束机制,确立企业走质量和效益型发展道路的政策导向,引导企业更加注意调整结构和防控风险,提高资本使用效率和发展质量,促进企业健康发展。同时,要注意考核体系是否科学,考核评价是否客观真实,考核是不是到位,员工的表现和对企业的贡献是不是都得到了尽可能客观真实的评价,并在薪酬上得到体现。

(六)更好的分享企业的发展成果

党的十七大报告指出:要坚持和完善按劳分配为主体、多种分配方式并存的分配制度,健全劳动、资本、技术、管理等生产要素按贡献参与分配的制度。生产要素包括劳动、资本和土地三大类,按生产要素分配,就是要在凸显劳动作用的同时,给资本、技术和管理等生产要素以足够的重视,使它们也合理合法地得到回报。

对公司高中级管理人员和关键岗位的员工实行股权激励,建立和实施以股权激励为主要形式的中长期激励制度,将股东利益、公司业绩和激励对象的个人发展紧密地结合起来,更好地实现公司经营目标。对于未纳入股权激励范围的公司其他骨干人员,研究探索实施与价值创造紧密结合的任期激励、分红权激励等不同形式和不同程度的股权激励对于企业职工,应建立收入分配的正常增长机制,努力实现职工收入增长与企业效益增长同步、劳动报酬增长和劳动生产率提高同步,使企业的发展成果得到更加公平的分享,提高员工的幸福感和对薪酬的满意度。薪酬水平确定考虑单位之间的效益差异、地区差异、业绩差异以及专业差异等因素,做到薪酬体系标准化与薪酬水平差异化相结合,体现按劳分配,合理拉开收入差距,向关键岗位及生产一线人员适度倾斜。

建立不同业务板块企业的薪酬增长决定机制。建筑承包类企业的薪酬水平主要决定于效益、规模、企业所处发展阶段、人工成本承受能力以及企业当地的社会平均工资水平等因素;房地产企业的薪酬水平应主要根据企业在行业中所处的地位以及行业平均资本回报率基础上的净利润率水平,与行业的市场薪酬水平进行对标,保证企业的整体薪酬水平在市场薪酬水平中具有竞争力和吸引力。设计企业的薪酬水平应主要决定于企业完成的设计任务收入和设计人员的个人水平能力、承担的工作量和科技难度及市场薪酬水平;国际工程承包企业的薪酬水平的决定应主要考虑内派人员的派出、稳定和吸引优秀人才在海外长期工作,不同国家(地区)的艰苦程度以及企业的人工成本承受能力等因素。

(七)改善员工福利,注重非货币性薪酬激励

福利是企业收入分配的重要组成部分,合理的福利项目及保障水平是现代企业建设市场化薪酬福利体系的重要标志。处理好福利与劳动报酬的分配关系,充分发挥福利的保障作用和工资的激励效用。注重使用非货币薪酬激励企业职工,从精神上提高员工的满意度感,如企业提供的公平竞争的晋升机会、以人为本的企业文化、挑战性的工作、提高工作能力和个人价值的培训、有弹性的工作时间、尊重个性的工作关系、舒适的工作环境、及时的表彰等。

(八)注重企业人工成本管理

建立良性的人工成本调控模式,提高人工成本投入产出效益,是当前企业收入分配调控机制改革的突出要点。大型国有建筑企业,应注重人工成本管理,企业提供给职工的各种形式的货币性报酬和非货币性福利都应纳入企业人工成本,逐步建立和完善以人工成本统计为基础、以人工成本分析为依据、以人工成本调控为手段的企业人工成本管理体系,建立企业人工成本预测预警制度,加强对企业人工成本变动情况的监控与管理,对分配水平的增长进行合理约束,严格控制不合理的工资性支出和无效的人工成本投入。

一是改革企业内部分配制度,将企业人工成本和薪酬福利水平与行业、市场工资水平实现有效配比,建立本企业的职位人工成本指导体系;二是在横向和纵向比较的基础上明确人工成本水平的动态控制和预警标准;三是在企业内部建立定期分析制度,及时发现问题,研究对策;促使企业人工成本向高人均人工成本水平、低人工成本含量、低人事费用率或劳动分配率的方向发展,以获取企业在市场竞争中的人工成本优势。形成降低成本、提高效益、增加职工收入、进一步促进成本降低的良性循环。

综上,企业分配工作,应以建立现代企业分配制度为目标,通过深化分配制度改革,建立符合各类企业特点的工资分配管理体制,构建科学合理、公平公正、规范有序的工资分配体系,通过理顺分配关系、规范分配秩序,合理调整收入分配差距,按照一流企业、一流人才、一流报酬的要求,建立对内具有公平性、对外具有竞争性的工资分配政策,建立和形成科学的工资水平决定机制和动态调整机制,形成工资分配的有效调控。®

2011著名国际承包商核心竞争力对我国企业的启示

吕 萍

（对外经济贸易大学国际经贸学院，北京 100029）

一、国际工程承包企业的核心竞争力分析

国际工程承包是一个具有多种业务模式的行业，跨地域广，跨行业多，如土木工程领域、石油、化工、冶金、铁路、电信等领域、工业与民用建筑项目、交通、电力、水利等基础设施项目。国际工程承包业务呈现出规模大型化、技术工艺复杂化、产业分工专业化以及工程总承包一体化趋势。

美国《工程新闻记录》(ENR)杂志将建筑业分为十大类：房屋建筑、制造业、工业、石化、供水、排水、交通、危险废弃物处理、能源以及电信[1]。其发布的2011年度国际承包商和全球承包商225强排行榜中的相关信息中可以分析到优秀的国际、全球承包商都有各自的核心能力，使得它们在竞争日益激烈的国际工程承包市场上得以立足，并且能够保持长期的优势地位。

国际承包商第 1 位：德国霍克蒂夫公司(Hochtief AG)[3]是世界上国际化程度最高的大型工程承包商，它凭借先进的技术、材料和高超的施工技术与优秀的服务；国际承包商第 2 位：法国万喜集团(Vinci)[3]凭借在主业、规模、融资、专有技术、管理手段、企业文化与品牌等方面的强大实力；全球承包商第 3 位：美国柏克德集团公司(Bechtel)[3]主要凭借通过技术发展，可在高难度、高复杂条件下施工和处理

复杂的项目，承接利润率相对较高的工程；国际承包商第 4 位：法国布依格公司(Bouygues)[3]凭借高精尖技术、商务优势和独特的企业文化。由上述几个例子可见，核心竞争力是全球著名大型对外承包企业在市场竞争中制胜的法宝[2]。

针对国际工程业务的服务贸易特点，依据企业核心竞争力理论的新近研究成果，通过对美国工程新闻纪录的国际工程承包商主营业务的比较研究发现，国际工程承包商的核心竞争力主要在以下几个方面：以核心技术为中心的专业整合能力，以核心业务为主的多元化业务整合能力，强大的融资及资本扩张能力，大型复杂性国际工程的跨国经营管理能力。

1.以核心技术为中心的专业整合能力

以核心技术为中心的专业整合能力指的是对项目总承包业务进行整合，属于技术与专业层面的能力。之所以此项能力可以成为核心竞争力是因为国际工程承包的专业化和一体化趋势要求承包商必须在某个专业领域具有"精、专、深"的技术水平，提供包括项目咨询、设计、施工、采购及项目运营等一揽子总承包服务，进而要求承包商必须具备以核心技术为中心，对工程实施过程中的不同专业进行有效的整合的能力。

通过对国际工程承包项目中不同专业的整合，不断开拓新市场，配置新资源，可以获得新的竞争优势。以核心技术为中心的专业整合能力成为大型现代

化国际工程承包企业长久可持续发展的第一推动力。

2.以核心业务为主的多元化业务整合能力

以核心业务为主的多元化业务整合能力是国际工程承包商通过对产业链中有前景的上游或者下游产业，如项目投资、设备生产、材料供应或者项目运营等，以核心业务为主进行有效整合，形成战略经营单位，以实现业务协同效果的综合能力，属于企业战略层面的业务整合能力。

纵观著名的国际承包商和全球承包商，它们都不是单纯搞施工，而是进行全方位的工程服务，包括项目的前期各项工作、设计、采购、施工及各类工程服务，有着很强的多元化业务整合能力。

只有从企业经营战略的高度，对国际工程承包所在产业链的业务进行整合，形成企业战略经营单位，国际工程承包企业才能从一个专业公司，发展成为以国际工程承包为核心业务，具有多个产业链业务协同能力、综合实力强大的跨国公司。

3.强大的融资及资本扩张能力

国际工程承包发展的新趋势表明，融资能力越来越成为国际工程承包商获取项目的关键因素。强大而又稳定的融资能力，已经成为国际工程承包商的核心竞争力之一。全球著名大型现代化国际工程承包企业的经营历史过程中，基本上都是利用通过发行股票、发行企业债券、买卖期货和投资基金等形式进行资本运作突破企业发展瓶颈，达到增值资本、壮大实力、多向扩展和筹措资金等目的，促使企业超常发展。

其中，收购兼并时全球著名大型现代化国际工程承包企业资本扩张中运用最多的手段，如瑞典Skanska公司第一位的战略能力就是可重复的收购能力。法国的万喜公司也是在不断的并购中发展起来的，它在许多行业领域通过并购获取了龙头老大的地位。

4.大型复杂性国际工程的跨国经营管理能力

国际工程的规模和技术呈现大型化和复杂化的趋势，这使得传统的项目管理的理论和方法难以有效地解决大型复杂的国际工程承包中面临的诸多问题。这就要求承包商能够高度重视工程项目的集成化管理和注重与潜在利益相关者形成战略联盟[4]。

二、我国对外承包工程行业的发展以及存在的问题

在国际承包工程市场快速发展的过程中，我国对外承包工程行业也取得了骄人的业绩。根据商务部统计，2009年全年、2010年全年、2011年前11个月，中国对外承包工程业务分别完成营业额777亿美元、922亿美元、863亿美元，实现同比增长37.4%、18.7%、16.2%；新签合同额1262亿美元、1344亿美元、1 141.2亿美元，实现同比增长20.7%、6.5%、3.5%。截至2010年底，我国对外承包工程累计完成营业额4 356亿美元，签订合同额6 994亿美元[5]。

我国对外承包工程行业的发展，主要有以下特点：

1.业务领域广

中国内地承包商在海外承包市场的各个主要业务领域内都有所建树，中国交通建设股份有限公司进入2011年国际10大交通运输承包商，位列第4；中国石油工程建设（集团）公司首次杀入2011年国际10大石油化工承包商，一上榜便位列第6；中国建筑工程总公司进入2011年最大的国际房屋承包商前10的行列，排位从去年的第7上升至第4；中国水利水电建设集团公司、中国机械工业集团公司和山东电力建设第三工程公司分列2011年10大能源电力承包商的第3、第4和第6；中国冶金科工集团公司在工业承包商10大中排名第8；中国葛洲坝集团公司首次进入2011年10大排水/废弃物处理承包商，排名第7；在10大有害废物处理承包商中，中国交通建设股份有限公司和上海建工（集团）总公司首次进入10大，并分列第2和第3，成绩不俗，但2011年在水利和制造业10大承包商榜单中未见中国企业的身影[6]。

2.市场范围宽

从最早的以非洲、中东为主要市场，发展到目前遍及全世界180多个国家和地区，基本形成了"亚洲为主、发展非洲、恢复中东、开拓欧美和南太"的多元化市场格局。

2010年，虽然中国承包商在欧美市场的营业额仅有28.3亿美元，占全部营业额的5.0%，但相比上

年,中国承包商在美国和拉丁美洲的营业额实现了翻倍,在欧洲也实现了51.9%的增长,在欧洲与美国的市场占有率分别提升了1.0和0.7个百分点,达到2.6%和1.2%。这说明中国承包商渗入欧美市场的信心与实力有所增强[1]。

3.承揽和实施项目的能力增强

在一些领域的设计能力方面比较突出,承揽大型、特大型项目的能力有了大幅度提高。以EPC为代表的大项目逐渐增多,中国公司完成、追踪的EPC项目已经从几千万美元上升到了几亿美元,一些公司开始追踪十几亿美元的大项目。

4.承包方式多样化

中国企业现在不仅能以施工总承包、施工分包的方式承揽项目,也能以EPG、BOT等的方式承揽项目。不仅可以承揽换汇项目,也可以根据项目情况提供融资服务或带资承包。不仅可以独立承揽项目,也愿意并有能力与外国企业结成联合体,开展合作[6]。

从整体上来看,我国对外承包工程行业已经具备了相当的规模,在国际市场的竞争中初步站稳脚跟,但对照国际承包工程市场的总体发展趋势,以及国际上大的承包商的发展模式,我国对外承包工程行业还存在着一些不容忽视的问题。

1.对国民经济发展的推动作用还不明显

根据有关权威部门的研究,对外承包工程行业对国民经济增长有1:4左右的拉动力。对外承包工程行业的进一步发展,能够更好地发挥对国民经济发展的推动作用。

2.国际市场营业额和国际化程度低

除了一些传统的外经贸公司以外,公司的对外承包工程营业额在公司总营业额中的比例也都比较低。而与国外成熟的国际承包商相比,中国承包商还有很长的路要走。2011年国际承包商225强榜单中的中国内地企业共有51家。海外承包收入总额为571.62亿美元,仅占2011年国际承包商225强海外市场收入总额的14.90%[3]。国际市场营业额所占比例是衡量一个企业国际化程度的重要指标,而中国公司的国际化程度还很低,大部分公司的主战场还

是在国内市场。

从国外市场的占有情况来看,中国承包商主要集中在非洲和亚洲市场,在欧美市场占有率低。这主要是由于我国企业技术、管理落后,而发达国家在这些方面的要求比较高,如绿色施工技术、低碳排放要求等等,这些均在一定程度上调高了承包商进入的门槛,将一些单纯的以劳动密集型业务为主的企业拒之门外,造成我国承包商在世界各地所占份额的巨大差距[7]。

3.公司同质化现象显著,行业内竞争加剧

这一方面说明更多的公司进入对外承包工程市场,行业的集中度在下降;另一方面说明,一些新进入市场公司集中在中国公司已有的市场,与原有的公司争夺同样的项目,同行竞争现象明显。

4.融资能力不足

我国对外工程承包企业融资能力普遍较弱,已成为承揽大型国际工程项目的最大"瓶颈"。一是融资渠道窄。国际上通行的项目融资在我国尚未开展,企业境外融资还面临着很大的障碍;政策性银行对国际工程承包企业的支持力度比较小。二是融资担保难。国家设立的对外承包工程保函风险专项基金规模小,而且程序复杂、审批时间过长、支持范围有限。三是融资成本高。据统计,大企业的融资成本一般在10%左右,一些中小企业甚至达到20%~30%[5]。

5.我国建筑企业缺乏复合型的国际工程总承包管理人才

国际化发展经验不足,对国际规则不了解,在复杂的国际经济环境下,不能运用东道国或地区的法律有效地保护自己,增加了国际化发展的风险。人才缺乏一直是影响我国对外工程承包的主要问题,是我国企业与国际大承包商之间存在较大差距的重要原因。企业需要能够与国外合作伙伴流畅沟通、熟悉国外市场环境和规则、又懂技术能管理的复合型人才[4]。

三、提升我国对外工程承包企业国际竞争力的策略

我国的对外承包工程企业虽然已经取得了一定

的进步,但是与发达国家相比还是有很大的差距。因此,提升我国对外工程承包企业国际竞争力,建设知识密集、技术密集、资金密集的管理型企业,向业主提供优质的集勘察、设计、施工、项目管理为一体的综合性服务变得日益重要。

1.制定适合企业的长期发展战略

企业要根据全球经济一体化、区域经济一体化的宏观经济背景,结合国家的"走出去"战略,通过与国际标杆企业的比较,制定科学合理的发展战略,并依照经济形势的变化和企业实力的具体情况,适时修订完善企业的战略。

2.高度重视人才的培育和引进

中国建筑企业要取得跨国经营的成功,应培训和锻炼一批懂外语、通商务、精技术、会管理的复合型国际工程管理人才,从依靠劳动力的数量优势转向依靠劳动力的质量优势。建立、完善国际化人才的引进、使用、培养与激励机制,培养和造就一支有理想追求、职业素养好、市场意识强、熟悉国际规范与国际惯例、具有较强国际化运营能力的职业经理团队和国际化人才队伍。尊重人才,关心人才,用好人才,成为中国建筑业"以人为本"管理理念的根本出发点和最终归宿。

3.引进适合自身条件的现代化管理模式

工程项目管理的具体方法在国内外大型工程的应用中主要包括以下三种方式:

(1)项目管理服务(PM),即工程管理企业按照合同的约定,在工程项目决策阶段,为投资人编制可行性研究报告,进行可行性分析和项目策划,在工程项目实施阶段,为投资人提供招标代理、设计管理、采购管理、施工管理和试运行等服务,代表投资人对工程项目进行质量、安全、进度、费用、合同、信息等管理和控制。当然,工程项目管理企业一般应按照合同约定承担相应的管理责任。

(2)项目管理承包(PMC),即工程项目管理企业按照合同约定,除完成上述项目管理服务(PM)的全部工作外,还可以负责完成合同约定的工程初步设计(基础工程设计)等工作。对于需部分完成工程初

步设计工作的工程项目管理企业,应具有相应的工程设计资质。项目管理企业,应具有相应的工程设计资质。项目管理承包企业一般应按照合同约定承担一定的管理风险和经济责任。

(3)工程一体化项目管理(IPMT),即业主与项目管理承包商(PMC)组织结构的一体化,项目程序体系的一体化,设计、采购、施工的一体化以及参与项目管理各方的目标以及价值观的一体化。

目前大型外资项目的工程管理较多采用以上管理模式,我国的对外工程承包企业可以在不断地探索中逐渐采用适合自身特点的管理模式,提高资源利用效率,提高效益[8]。

4.提高企业信息化程度

在收集市场信息,投标报价、施工设计、企业管理、经营决策等方面应普及应用计算机,提高经营决策质量,降低管理成本,国内少数特大集团已开始尝试建立(博士后流动站),以期更好地实施科技创新战略,增强企业的国内国际竞争力。

5.加大企业研发投入

缺乏核心技术作支撑,就必然会处在国际分工的低端,缺乏竞争力,在国际化运营中流失大量利益。我国的对外工程承包企业虽已具备一定的国际竞争能力,但与国外一流同类企业相比还有较大差距,尚不具备与之抗衡的能力。因此,要取得国际化经营的成功,就必须坚定不移地走自主创新之路,大力培育自主核心技术,要适应国际工程项目功能新、体量大、施工难度大的新趋势,加大建筑科技资金投入的力度,提高建筑管理的科技含量,运用计算机网络和多媒体技术等现代科技手段,科学地进行工程报价、设计和管理。

6.加大金融支持力度

一是鼓励金融机构积极开展金融创新,提供适合对外工程承包的新金融产品,对于符合国家支持条件的大型工程项目进行项目国内外融资试点。二是考虑适当下浮对外承包工程的贷款利率和保险费率,或提高贷款的政策性贴息率和延长贴息期限,特别是对大项目给予利率和费率优惠。三是增加对外

工程承包保函风险专项基金的数额,简化使用程序,扩大使用的范围。

7.进一步发挥政府对外经济合作对国际承包工程的带动作用

如果政府可以在对外经济合作中投入更多的资金,能够集中部分经援资金,有目标、有重点地投入资源勘探、项目发展规划等软援助上,不但可以为企业起到开路、探路的作用,还可以大幅度降低企业市场开拓的风险和成本。

8.在国有企业管理体制改革中,重视对外工程承包业务的发展

从长远看,对外承包工程企业之间的合并、重组,必定对对外承包工程行业的发展产生一定的影响,如从事对外承包工程的公司数量减少,对外承包工程业务在公司内的比重和地位下降等,应当引起各方面的足够重视。但如果各级国资委能将企业国际市场的开拓情况和经营情况列入企业领导人的考核目标,无疑有助于推动公司对外承包工程业务的进一步发展。

9.引导企业进行分工合作,形成社会化分工合作体系

对外承包工程市场上,同质竞争严重,主要原因是我国对外承包工程行业还没有形成完善的社会化分工。社会化专业分工是市场经济的一个重要特点,有利于资源的高效配置,形成核心竞争力。各种不同的公司应根据自身的实际情况确定在国际市场上的定位,形成以专业能力为基础的社会化分工合作体系。目前,已经有公司使用劳务分包商来完成项目;也有公司通过在国内公开招标确定分包商。这些形式都有助于中国公司之间形成风险分担、互相促进、共同发展的社会化分工合作体系。我们要通过加快对外承包工程行业联合、重组、改制的步伐,尽快形成一批专业特点突出、技术实力雄厚、国际竞争力强的对外工程承包的大企业集团。并通过大型建筑企业搞工程总承包,搞项目管理,再将中小建筑企业带出去。

10.充分发挥行业商会在"提供服务、反映诉求、规范行为"等方面的作用

一是加强研究,全面把握国际承包工程行业的发展特点和趋势,制定市场发展规划,发挥商会对行业建设和市场发展的引导作用,引导和帮助企业向高端业务和高端市场发展。及时反映行业的意见和建议,代表和维护行业整体利益和企业合法权益。二是在尊重市场规律和企业主体地位的基础上,建立符合市场经济规律要求的民主、公正、规范、动态的协调制度。建立与市场过度竞争预警、市场分类引导、促进企业分工协作和联合相结合的项目和市场协调机制。完善行业规范,推动行业信用制度建设,形成完善的行业诚信自律机制和体系。三是建立完善的对外承包工程行业服务体系。形成功能多样,数据准确的国际工程数据库系统;发挥商会专家委员会优势,为企业开展高端咨询服务;建立与国外同行的广泛联系,积极帮助企业开拓国际市场。

从国际知名的承包商所具备的核心竞争力与我国的对外工程承包企业现状的对比可以看出,虽然我国的对外工程承包企业发展很快,但是由于很多方面仍然存在不足,严重限制了企业和行业的发展,应该从相应的方面找到应对策略。⑥

参考文献

[1]贺灵童.2011年ENR国际承包商225强解析[Z],2011.

[2]金融危机下的生存与发展——从2009年度国际承包商和全球承包商225强排行榜看国际承包市场[Z].

[3]张宇,孙开锋.解读2011年度ENR国际承包商225强[Z],2011.

[4]杜超.从国际承包巨头探寻我国建筑企业的国际竞争力[Z],2008.

[5]中华人民共和国商务部网站.

[6]刁春和.国际承包工程近期发展特点与对策思考[Z].

[7]杜强,苏川川,杨锐.2009年度国际市场最大225家承包商市场分析[Z],2011.

[8]武海靖.对当前大型工程项目管理模式的思考[Z],2006.

利比亚战争对中国建筑业的启示

——积极加强同 MIGA 的合作

邵灵如[1]，柳颖秋[2]

(1.北京理工大学法学院，北京 100081；2.北京建筑设计研究院，北京 100045)

引 言

2011 年 3 月 19 日，美军实施"奥德赛黎明"("Operation Odyssey Dawn")行动，位于地中海的导弹驱逐舰巴里号向利比亚发射战斧式巡航导弹。美军在这次行动中共发射了 110 多枚战斧导弹，一场由利比亚本国人民引发的利比亚骚乱，经过一个多月的演变，自北京时间 2011 年 3 月 20 日 0:45，演变成了法英美主导的多国部队与利比亚的战争[1]。在这场战火中受重创的除了利比亚的百姓，还有以中国为代表的外国企业。截至战争发生前，据外交部数据显示，中国企业在利比亚合同涉及的金额达 188 亿美元。虽然如今战事已经平息，外交部发言人刘为明也声称，"利比亚'过渡委'负责人曾表示，愿赔偿中国公司遭受的损失。"[2]但是对于利比亚过渡政府来说，这笔赔偿不是小数目，短期完成赔偿的可能性较小。然而，资金的流动对企业来说就相当于它的灵魂，如此多的资产滞留在利比亚，同时又得不到及时的赔偿，势必会给企业造成严重的影响。因此，如何寻找一条及时有效的赔偿途径是保障我国海外投资企业利益的重中之重。

一、中国建筑业在利比亚的损失

目前，我国建筑业海外投资的大部分集中于亚非拉一带的发展中国家和地区。中国建筑公司大规模进入利比亚始于 2007 年，利比亚是中国对外承包工程业务的重要市场之一。动乱发生之前，利比亚为了弥补其被制裁期间的建设停滞，在国内正掀起一轮建设高潮。截至本次动乱发生前，在利比亚有 75 家中国企业，并承建了 50 个工程承包项目，涉及金额高达 188 亿美元。这些企业中有 13 家央企，其中包括：中国水利水电建设集团(在建项目 6 个，总额 17.88 亿美元)、中国交通建设集团(总额 48 亿美元)、中国铁道建筑工程总公司(在建铁路三条，总额 42.37 亿美元)、中国建筑工程总公司(在建民宅工程规模为 2 万套，约合 28 亿美元)、中国葛洲坝集团公司(7300 套房建工程施工项目，约合 55.4 亿美元)、中国建材集团进出口公司 (总额 1.5 亿美元)、中国石油天然气集团(3.8 亿美元)等[3]。

在此次利比亚战争中，外交部并没有给出中国企业损失金额的确切数字，而只提供了 188 亿美元的合同总金额。但是合同金额并不等同于损失金额，这 188 亿美元只是完成合同项目后应该获得的款项，如果项目只完成一部分，投资者就只能获得其中的部分金额，不能把项目总金额都纳入到损失数额中。虽然涉及的损失金额没办法确定，但是从长期来看，中国建筑企业将会遭受如下几个方面的损失。

(一)企业固定资产的损失

虽然大部分中国建筑业在利比亚承揽的是国际工程承包项目，也就是说中国在利比亚并没有真正意义上的投资，只有承包工程，不是带资项目。但毫无疑问，中国各大公司在利比亚总部及各项工程的基础设施、设备和原材料都留在了那里，经历了一场战火的洗礼，必然会有大量固定资产损失。不仅如此，中国商务部工作组于 2012 年 2 月 8 日完成对利比亚的工作访问，结果显示利比亚安全形势仍不稳定，有些地区不时发生武装派别冲突，外国企业和人员的安全难以得到保障，利比亚现在并不具备全面复工条件。因此，就目前形势来看，中国企业在利比亚固定资产的损失将持续扩大。

（二）垫资款的损失

按照惯例,在利比亚实施的工程项目都是中方企业先垫资的。也就是说,承包方在建筑施工过程中,不要求发包方先支付工程款或者支付部分工程款,而是利用自有资金先进场进行施工,待工程施工到一定阶段或者工程全部完成后,由发包方再支付垫付的工程款。虽然企业也可以获得部分预付款,但预付款一般逐月按工程进度从工程进度付款中扣还,加上进度付款一般会延后 3 个月甚至半年,因此,利比亚的动乱使得这些尚未收回的应收账款成为了承包商的损失。

（三）三角债引起的损失

中国企业承包工程所需的建筑材料一般从国内采购,因此,利比亚项目中断后,一些企业无法按期给原材料商支付货款,形成三角债。虽然承包商拖欠材料商的材料款,一般每笔的数额都不是很大,但是因为工程所用的材料种类较多,如钢材、水泥、木材、商混等等,所以,一个工程当中,承包商有可能拖欠十几家甚至几十家材料商的材料款,这些材料款的总和也相当可观。加上很多工程采用分包模式,也导致三角债问题更加凸显。

（四）安置回国劳务人员的损失

国家动用陆海空交通工具将所有在利比亚的人员接回,各中国企业也积极解决回国劳务人员的安置问题、人工费问题以及由此产生的赔偿问题,体现了"以人为本"的理念,但是不可否认这些费用都是中国企业因利比亚动乱而产生的额外损失。

二、多边投资担保机构（MIGA）

（一）MIGA的基本情况

对于发展中国家而言,由于其政局不稳定、社会治安状况恶劣等原因,让许多投资国望而却步。在此种背景下,为了促进对发展中国家的投资,多边投资担保制度应运而生。1985 年 10 月,《多边投资担保机构公约》在世界银行年会上正式通过,其英文全称为 Convention Establishing the Multilateral Investment Guarantee Agency,故又简称"MIGA 公约"。1988 年 4 月 12 日,公约生效,多边投资担保机构(以下简称"MIGA")成立。截至 2011 年 6 月,MIGA 的成

员国有 175 个,其中工业化国家 25 个,发展中国家 150 个,处于履行成员国资格要求进程中的国家有 3 个[4]。MIGA 不是一个国际保险公司,而是一个国际组织,具有完全法律人格,有权缔结契约,取得并处理动产和不动产。MIGA 的宗旨是,为缓解或消除外国投资者对东道国发生政治风险损害其投资安全的担心,以直接承保成员国向发展中国家投资时可能遭遇的政治风险,鼓励资本向发展中国家流动,促进成员国的经济发展。

（二）MIGA的承保条件

1.合格的投资者

合格的投资者包括东道国以外的会员国国民或在一会员国注册并在该会员国设有主要业务点,或其多数资本为会员国或几个会员国或这些会员国民所有的法人,该法人无论是否是私营,均按商业规范经营。根据投资者和东道国的联合申请,董事会经特别多数票通过,可将合格的投资者扩大到东道国的自然人,或在东道国注册的法人,或其多数资本为东道国所有的法人。但是,所投资产应来自东道国境外[5]。

2.合格的资本输入国

MIGA 的成立目的是要促进生产性资金流向发展中国家,因此,根据公约的规定,机构只对发展中国家会员国境内所作的投资予以担保。而且,东道国须同意机构承保,在东道国政府同意机构就指定的承保风险予以担保之前,机构不得缔结任何担保合同[6]。除此之外,还要求外资必须能够在这些发展中国家得到公正平等的待遇和法律保护。据此,在 MIGA 体制中,所谓合格的资本输入国就是指外资所流向的、能够给外资提供公正平等待遇和法律保护的发展中成员国。

3.合格的投资

为了确保承保的投资有利于实现 MIGA 成立的目的,同时也为了最大程度地降低资本输入国对 MIGA 所承担的投资采取征收或国有化措施,MIGA 一般都要求投保者必须在投保申请已经在 MIGA 注册之后才开始执行新的投资,并且要证明该投资具有一定的经济合理性,能够给资本输入国带来良好的经济和社会效益,符合资本输入国的法律规定,与资本输入国

宣布的发展目标和发展重点相一致,能够在资本输入国获得公平待遇和必要的法律保护[7]。

4.承保范围

MIGA承保的风险主要指政治风险,而不包括商业风险。根据公约第11条(承保险别)的规定,主要有四种:一、货币汇兑险,即东道国政府采取新的措施,限制其货币兑换成可自由使用的货币或被保险人可接受的另一种货币,及汇出东道国境外,包括东道国政府未能在合理的时间内对该被保险人提出的此类汇兑申请作出行动[8]。二、征收和类似措施险,即东道国采取的立法或措施使得投资者对其投资的所有权或控制权被剥夺,或剥夺了其投资中产生的大量效益风险。三、违约险,即东道国政府对外国投资者的违约。四、战争和内乱险。根据《多边投资担保机构业务规则》第1.50条:"主要发生于东道国境外的军事行为或内乱如果毁灭、破坏或损害位于该东道国境内的投资项目的有形资产或妨害该投资项目的业务,则可以认为这项军事行动或内乱发生在东道国境内从而具有被予担保的资格。"可见,该险不以东道国是否为战乱一方或是否发生在东道国领土内为前提,这样就更加全面地保障了对海外投资企业的利益。

(三)MIGA较其他索赔方式的优势

当中国在利比亚的企业遇到像动乱、战争这样的政治风险时可以选择的索赔途径有很多。例如,通过双边条约索赔,或向中国出口信用保险公司申请理赔,但是MIGA相较于它们在很多方面都有着自己独有的优势。

1.加强对东道国的约束力

MIGA对吸收外资的每一个发展中国家会员国,同时赋予其双重身份:一方面,它是外资所在的东道国,另一方面,它同时又是MIGA的股东,从而部分的承担了外资风险承保人的责任。这种双重身份的法律后果是:一旦在东道国境内发生MIGA承保的风险事故,使有关外资遭受损失,则作为侵权行为人的东道国,不但在MIGA行使代位求偿权后,间接地向外国投资者提供了赔偿;而且作为MIGA的股东,它又必须在MIGA行使代位求偿权之前,即在MIGA对投保人理赔之际,就直接向投资者提供部分

的赔偿。此外,它作为侵权行为人还要面临MIGA其他会员国(包括众多发展中国家)股东们国际性的责备和集体性的压力。可见,MIGA体制在实践中加强了对东道国的约束力,对外资在东道国所可能遇到的各种政治风险,起了多重的预防作用[9]。

2.资金上的优势

各国的海外投资保险机构虽然多数是在本国政府财政支持下建立起来的,但是这些机构的财力与MIGA相比就显得极其有限了。不仅如此,由于其信息来源不足,对申请投保项目的评估能力也相对较差,所以,各国海外投资保险机构对承保的政治风险范围以及每一投保项目的最高数额都有不同程度的限制,极大地限制了对海外投资企业的保护。而MIGA的法定资本为10亿,分为10万股,由各成员国认购,可谓实力雄厚。此外,MIGA成立至今已经24年,在此过程中积累了丰富的经营经验。MIGA的担保期限一般为3~15年,在特殊情况下,经约定,可延至20年,对于那些耗资巨大、建设周期长、风险大的企业来说MIGA是最佳选择。

3.可共保、分保

MIGA可以就其与某一海外投资企业所签订的担保合同与私人保险公司或官方保险公司签订共保或分保协议。通过签订共保或分保协议,加强与官方保险公司或私人保险公司的合作,以促进国际投资。MIGA通过这种灵活的共保和分保,可以更好地促进投资资金向发展中国家流动,对海外投资企业的对外投资活动的担保更加灵活。

4.风险评估制度

为了减少自身的经营风险,《汉城公约》要求MIGA对投保项目的风险,应按照稳妥的商业惯例和审慎的财务管理原则进行评估。

首先,MIGA具有很强的风险评估能力。MIGA的高风险评估能力来自:作为世界银行集团下属的一个国际经济组织,MIGA可便利地获取大量的有关国际投资法律与实践的信息。尤其是通过自身投资促进业务的开展,切实把握关于东道国政治风险的详情,以便对投保项目进行透彻的风险分析,保证承保的投资具有较小的政治风险。

其次,MIGA具有独特的风险评估方法。其他国

际投资保险机构往往以东道国为对象进行风险评估，然后根据评估的结果，作出是否对在该东道国投资发放担保的决定。而MIGA的做法不同，在风险评估过程中，它注重的是各具体投资项目风险的大小。即使一些发展中国家从整体上看政治风险状况欠佳，但只要申请投保的投资项目的风险发生概率可以接受，MIGA仍可为此类东道国境内的项目提供担保，这种方式有利于保证对投保项目风险评估的准确性[10]。

三、中国与MIGA

（一）中国与MIGA关系的现状

中国于1988年4月28日签署了该公约，两天以后交存了批准书，是MIGA的创始会员国。利比亚也于1993年4月5日加入该公约，所以两国间的投资政治风险，例如此次的利比亚战争，是完全可以通过MIGA解决的。在中国加入MIGA的24年中，双方的合作逐步加强。中国出口信用保险公司与MIGA曾于2002年在北京签署了《合作谅解备忘录》，并于2005年重新签署了《全面合作谅解备忘录》。根据备忘录，中国出口信用保险公司和MIGA将充分发挥各自的优势，通过共保、分保等手段共同为中国企业在海外特别是发展中国家和地区的投资提供有效的风险保障，并承诺加强彼此间的技术和人员交流。除此之外，中国人民保险公司也曾与MIGA在2000年11月签订合作协议，该协议为人保业务在海外投资的政治风险担保方面起到了补充作用。业务上的合作让MIGA与中国愈加紧密，资金上的贡献也使得中国与MIGA密不可分。在MIGA的10亿特别提款权中，我国认购了3 138万，名列多边投资担保机构全体成员第六，次于美国、日本、德国、法国和英国。由此可见，中国与MIGA可谓源远流长，但如果我国企业在海外投资过程中不考虑向MIGA投保，诸上"合作"便毫无用武之地，一旦遭受损失，我国企业不仅享受不到其他会员国的资金赔偿，就连我国认购的3 138万也享受不到分毫。如此一来，便白白浪费了本可以获得赔偿的机会，我国认购的3 138万也只能被他国投保的企业取得。

（二）MIGA在中国的困境

如上文所述，MIGA不仅较其他索赔方式有其独特的优势，而且中国作为创始会员国与其有着源远流长的联系，因此按常理，中国企业的海外投资向MIGA投保应该是水到渠成的事情。但事实上并非如此，数据显示，在北非和中东地区向MIGA投保的项目共有31个，而其中并没有中国企业的名字[11]。也就是说，在此次利比亚战争中，无一中国企业可以得到MIGA的赔偿，可见MIGA在中国的实践中仍存在着许多不足。

1.对MIGA的宣传不够。中国企业对海外投资的投保率极低的原因主要有两点：一是投保意识淡薄。二是中国国民和企业对MIGA的并没有很深刻的认识，不知道如何利用这一国际组织的在促进投资、担保政治风险方面的功能来保护自己。

2.MIGA对投资合格性的要求较为严格。因为MIGA是世界银行集团的第五个成员，所以其在决定是否承保时，除了政治风险的评估，还要就该承保项目对投资所在的国的贡献情况进行评估，以实现该机构的宗旨，如此便抬高了企业向MIGA投保的"门槛"。

3.没有与MIGA配套的法律法规。当公约与我国法律规定相抵触的情况下，只能通过《民法通则》第142条"优先适用国际条约的规定"来证明公约有优先适用的效力。而对于相关当事人的法律责任、是否承保、是否赔偿的标准等关键问题没有规定。

四、保护并促进中国建筑业对外投资的几点建议

（一）加强对MIGA的宣传

2011年，MIGA提供了21亿美元的新担保金额，创机构历史新高，超过上一年度43%，表明对政治风险担保的兴趣重燃。MIGA担保项目的多样性和地区范围也呈现延伸态势，从伊拉克的一家制造工厂，到利比里亚的农加工企业，从印度尼西亚的采矿可行性研究，到14个国家中小企业的银行业务，其提供支持的活跃度可见一斑[12]。而在MIGA担保业务屡攀新高之际，中国建筑业却对这一事态充耳不闻，甚至对MIGA也是知之甚少。因此，积极加强对MIGA的宣传已经是当务之急，我国政府急需通过有效的宣传使中国的海外投资者能够充分地了解该机构的业务、投保手续以及我国的审批程序，并

积极培养一批精通 MIGA 程序的专业队伍,为中国建筑业提供有关 MIGA 的业务咨询,并在 MIGA 办理保险中提供专业的服务。

(二)加强与MIGA的合作

为进一步拓展服务范围,MIGA 于 2010 年设立了亚洲中心,侧重于亚洲的境内外双向投资。在中国香港特别行政区和新加坡设立代表,加强了在北京和东京地区代表的实际存在[13]。这一举动意义重大,让 MIGA 与投资企业靠得更近,更方便了我国与 MIGA 的合作。中国要紧紧抓住这次机会,借鉴 MIGA 在政治风险评估方面的经验,建立我国自己的政治风险评估机制,利用 MIGA 的信息资源,对计划进行投资的国家进行政治风险和投资环境的评估,帮助中国建筑业有效规避风险。

另一方面,MIGA 也需要通过发展合作伙伴关系以促进其发展和影响。因此,我国的保险公司也应加强与 MIGA 在分保、共保方面的合作,增强我国保险公司在对外投资担保方面的业务技能和经验并为我国即将建立的海外投资担保制度打下良好的基础,并实现 MIGA 促进和支持有益发展的海外直接投资的目标。

(三)建立相关国内法律体制

虽然目前我国并没有关于海外投资保护的立法计划,但关于《海外投资法》或者《海外投资保险法》立法的学术讨论已经持续了多年,在历年的全国政协会议和人大会议上,也已经有多个与此有关的提案。2010 年 2 月,全国政协会议代表何悦就在《关于建立我国海外投资保护机制的提案》中专门建议我国尽快完善海外投资保险制度,希望通过完善相关立法使海外投资企业生产、经营和合法权益不致受到侵犯[14]。在如此高的呼声之下,我国应尽快完善海外投资相关立法的建议,建立起有我国特色的海外投资保险制度,并使这项制度与我国同外国签订的双边投资保证协定和我国已经加入的 "MIGA 公约"相配合。

发生在利比亚境内的战争,不仅百姓生灵涂炭,财产惨遭损失,也使近年来与利比亚经贸合作关系越发紧密的中国损失巨大。然而在惨痛的教训后,中国政府和企业都应对此进行反思,尤其要高度关注东道国的政治风险。在我国尚未建立完善的海外投资保险体制的情况下,应当充分利用 MIGA 的功能,积极与其开展在投资促进、投资担保等方面的合作,更好地促进中国建筑业的对外投资,有效防范和规避中国建筑业在对外投资中所遇到的政治风险,更好地维护自身的权益。⑥

参考文献

[1]利比亚战争[EB/OL].搜狐新闻.http://news.sohu.com/20111216/n329296275.shtml.

[2]利比亚最新消息:利比亚过渡委称愿意赔偿中国公司损失[N].国际金融报,2011-11-25.

[3]中国利比亚的账单——关注中国企业利比亚投资[EB/OL].参见凤凰网.http://finance.ifeng.com/news/special/zgqybly/.

[4]2011 年 MIGA 年度报告 [EB/OL].MIGA 官方网站.http://www.miga.org/resources/index.cfm?stid=1833.

[5]多边投资担保机构公约(第 13 条)[Z].

[6]多边投资担保机构公约(第 14、15 条)[Z].

[7]张丽英.国际经济法[M].杭州:浙江大学出版社,2009:385-386.

[8]孙南申.国际投资法[M].北京:中国人民大学出版社,2008:173.

[9]陈安.国际经济法学刍言(上卷)[M].北京:北京大学出版社,2005:544.

[10]徐崇利.多边投资担保机构的比较优势及新世纪的发展战略[J].华东政法学院学报,2002(3):44.

[11]MIGA 官方网站.http://www.miga.org/projects/advsearchresults.cfm?srch =s&hctry =3r&hr egioncode =3&sortorder=asc.

[12]2011 年 MIGA 年度报告 [EB/OL].MIGA 官方网站.http://www.miga.org/resources/index.cfm?stid=1833.

[13]2011 年 MIGA 年度报告.[EB/OL].参见 MIGA 官方网站.http://www.miga.org/resources/index.cfm?stid=1833.

[14]何悦教授提案收入《把握人民的意愿》一书[EB/OL].天津大学新闻网.http://www.tju.edu.cn/newscenter/headline/201003/t20100302_31197.htm.

我国大型海外石油投资项目受挫原因分析

——以中海油伊朗北帕尔斯油气田项目被叫停为例

刘桂芝

（对外经济贸易大学 国际经贸学院，北京 100029）

一、中海油北帕尔斯油气田项目概况

北帕尔斯油气田位于波斯湾大型气田南帕尔斯北部 85 千米处，蕴含 80 万亿立方英尺天然气，拥有约 47 万亿立方英尺的可开采储量，各开发阶段的产能可能达到 12 亿立方英尺/日，居南帕尔斯油气田之后，是伊朗第二大天然气工程。

2006 年 12 月，中国海洋石油总公司(以下简称中海油)与伊朗签署液化天然气(LNG)合作谅解备忘录。双方计划用 8 年时间开发伊朗北帕尔斯油气田、建设液化天然气工厂和输送设施，并将取得所产液化天然气 50% 的份额出口至中国。该交易总价值达 160 亿美元，其中，50 亿美元将用于上游开发，110 亿美元将用于 LNG 设施。这份协议将使中海油每年获得从伊朗购买 1 000 万吨液化天然气的权利，有效期达 25 年。2008 年 2 月 27 日，正式协议签署因各种原因被迫取消。

2011 年 10 月 14 日，北帕尔斯油气田开发协议被叫停。帕尔斯天然气公司负责人穆萨·索里指出，伊朗让中国开发北帕尔斯天然气田的决定"关键要看中方在开发南帕尔斯 11 号区块项目的进展情况"。2009 年中石油签署了开发南帕尔斯天然气田 11 号区块项目的工程合同，但只完成了 10%，而不是预定计划的 17%。同时，自双方签署合同以来，中海油北帕尔斯油气田开发项目运作缓慢。为推动中方履行开发义务，伊朗帕尔斯石油和天然气公司暂停了中海油北帕尔斯油气田开发协议。

二、北帕尔斯油气田项目被叫停原因剖析

近年来，中国同伊朗在能源领域的合作总带有间断性和扑朔感。一些公开宣扬的上百亿美元投资只是以合作备忘录形式签署，未落实成具有法律效力的商业合同。中海油的北帕尔斯油气田项目就属此类情况。早在 2006 年双方就已签署备忘录，原定于 2008 年 2 月 27 日签署正式合作协议在最后一刻也被取消，官方对外公布的原因是"伊朗石油部长无法出席"，但深层原因较为复杂。2011 年 10 月 14 日，北帕尔斯油气田开发协议因项目进展缓慢被伊朗方面叫停，协议中止。北帕尔斯油气田项目被叫停原因来自多方面，既有伊朗方面，也有中海油自身，在国际制裁和全球严峻经济形势下项目投资风险大大增加。

1.背景

内贾德担任伊朗总统以后，由于其奉行的站在美国、以色列等西方国家对立面的外交政策，导致伊朗多次受到来自联合国安理会、美国、欧盟的制裁。2010 年 6 月 9 日，联合国安理会就伊朗核问题决定对伊朗实行自 2006 年以来的第四轮制裁。7 月 1 日，美国总统奥巴马签署了《2010 伊朗综合制裁、问责和撤资法案》，将制裁范围扩大到伊朗的石油投资和成品油生产、进口领域。7 月 26 日，欧盟理事会通过制裁伊朗决议，制裁范围涵盖油气投资、银行、运输、保险和贸易等领域。2011 年 10 月 13 日，奥巴马表示伊朗必须为其策划刺杀沙特驻美大使的阴谋付出代价，美国将

对伊朗实施"最严厉"的制裁,并且"不排除任何选项"。

2.美国对中国政治施压和制裁风险

面对美方和欧盟的政治压力和制裁风险,在伊朗开展油气开发项目的多家跨国公司宣布撤离伊朗,放弃、中止或者延迟合同。在伊朗油气开发项目工程中,欧洲公司的技术和资金对工程意义重大,而欧盟的制裁法案使欧洲公司不得不退出伊朗市场。另外,《2010伊朗综合制裁、问责和撤资法案》明确表明,为伊朗提供汽油或帮助其炼油和发展炼油能力的企业或个人在美国都将受到制裁,任何同某些伊朗银行有往来的企业和个人也将受到制裁。这就对中国企业构成了制裁威胁。

2010年6月9日,中国迫于国际压力,在联合国安理会上对制裁伊朗投了赞成票,因为中国若支持伊朗,则极可能面临国际外交孤立的风险,在国际贸易发达的今天,外交关系恶化将给中国带来不可估量的损失。但这与中国本身的战略意图并不相符合,因为中伊双方具有很强的利益关系。一方面,伊朗丰富的石油储备与中国石油需求形成供求关系,伊朗已是中国第三大石油进口国,中国对伊朗石油具有一定依赖性。另一方面,伊朗在严厉的国际制裁下政治环境愈发恶劣,资金和先进技术设备难以获得,急需寻找新的项目开发投资者和资金来源,而中国公司投资正契合了伊朗这方面要求。

中海油在北帕尔斯油气田项目上进展缓慢的原因之一就在于美方制裁压力的影响。前文提到,美国的制裁法案对在伊朗进行油气项目投资的企业要进行制裁,中海油则有受来自美方制裁的风险。比如,中海油在美国证券交易所挂牌上市就给美国创造了通过金融市场向我国施加压力的机会,持有中海油股份的美国公司可能在某些利益集团影响下抛售中海油股票,对中海油进行打压。美国对伊朗的制裁源于其核问题,归根结底是源自能源的争夺。由于世界能源分布不均以及供应紧张状况加剧,能源地缘政治越发明显,使得大国强国在能源领域进行激烈的争夺。伊朗出台一系列吸引外资的措施,伊朗丰富的石油资源引发各国在伊朗的能源博弈,美国为夺之利用其霸权地位和"世界警察"身份对伊朗进行制裁。另外,中海油的海外能源开发将对美国利益构成

一定损害,美国有着强烈内在动机制裁中国开发伊朗油田。中东大部分国际油气开发已由西方能源巨头把持,其中美国占据重要地位。控制着能源就意味着拥有话语权,中国能源的对外依存度越低,经济受约束程度就越小,这是美国不愿看到的。

中海油需在伊朗能源和美国制裁间进行权衡,能源当然对中国很重要,但中国受美国的经济和政治牵制更不可忽视。作为中国的大央企,中海油处在了十分尴尬的境地,既不能为了自己企业的利益而给国家带来不必要的麻烦,又不愿放弃伊朗投资项目的诱人前景,只好减缓项目开发进度以获得迂回的余地。

3.伊朗国际政治风险较大

(1)伊朗方面遭受多重制裁加大项目商业投资风险

安理会、欧盟和美国对伊朗的多重制裁给伊朗的商业环境带来较大的政治风险,加大了合同的执行风险,也使得中伊贸易和投资活动难以正常开展。对中海油而言,受国际制裁影响,伊朗的油气产品销售和下游的LNG工厂建设都存在问题,这是回购合同成本和报酬回收的潜在风险。此外,该项目在受多方经济制裁下面临着国际贸易中交易、结算、当地货币、利润返回、运输等一系列问题。同时,中海油在伊投资带来的现金流或石油天然气的用途也可能受限,可能不能用于和欧美进行商业交易。

(2)伊朗政治形势动荡给投资环境带来潜在风险

伊朗核问题一直是国际社会上炙手可热的话题。近年来,伊朗核计划不断加速推进,接近突破和平利用核能的底线。这对以色列和美国在中东的战略利益造成威胁,伊朗和以色列针锋相对,军事演习、研制并批量生产新式攻防武器,核危机形势加剧。由此看来,以色列和伊朗双方不排除军事冲突的可能。同时,如果美欧对伊朗制裁仍不能约束其建造核武器野心,且谈判未果,则伊朗也可能遭受军事打击。自利比亚开战八个月来,我国在利比亚项目多数下马,损失惨重,这也给海外投资起到了一定警示作用。伊朗和利比亚有一定相似之处,倘若伊朗遭遇类似战争纠纷,北帕尔斯油气田项目就有可能停工,到时损失更加惨重。而且,该项目时间跨度大,投资额巨大,政治方面带来的不确定性较大,中海油在这方

面应是有所考虑,才减缓了项目进程,观望发展态势。尽管放缓进度会带来损失,但在当前国际政治经济变幻莫测形势下,也许这是较好的选择。

4.伊朗这块"能源肥田"仍具投资吸引力

尽管在伊投资面临着多重国际制裁和种种政治风险,许多国家投资方仍珍惜这个投资机会。伊朗对引进外资提供了许多优惠政策,以吸引资金和技术,拉动其石油天然气产业的发展。在如今能源紧缺,大国把控着中东、北非等世界能源大关形势下,发展中国家的能源不能满足其发展需求,急切需要扩展海外能源市场,伊朗就是很好的选择。日本是伊朗最大的石油进口国,其本身资源匮乏促使其拓展海外市场。马来西亚公司将对伊朗位于波斯湾的两处近海气田也表现出浓厚兴趣。伊朗与马来西亚、印度、越南、叙利亚等其他亚洲国家扩大合作也是必然的趋势。所以说,在中海油项目进展停滞不前时,伊朗仍具主动权叫停,中海油必然遭受损失,但北帕尔斯油田仍有其他投资方来投资,即便在引入外资困难之时,伊朗本国也可吸收,因此,伊朗方面的损失相对较少。

三、经验总结及应对措施

1.加强风险评估,合理规避风险

海外石油项目开发具有多重风险,主要有政治风险、经济风险、市场风险和运输风险等等。石油市场易受国际政治因素影响和操纵,伊朗项目中,政治风险尤为突出。只有合理评估风险,项目效益的实现才有保障。

石油公司可以和政府共同建立专业化的评估机构,针对国际政治形势和国内外能源市场状况,结合公司本身发展策略和资金状况,运用专项分析工具和定量分析方法,对关键风险指标进行全面的剖析并制定有关战略方案。风险评估应具有及时性、敏锐性和客观性等特征。对于国际制裁等政治风险,规避难度较大,这是国际政治层面的问题,海外项目投资方可操作余地较小,需要国家间的谈判和协调。在目前伊朗受国际制裁及全球经济低迷的背景下,海外油气开发项目风险较大,所以要静观时变,谨慎地进行实质性投资。

2.提高合同弹性,降低合同风险

由于伊朗宪法禁止将石油开采权以转让方式或直接参股方式授予外国公司,因此伊朗政府采取"回购合同"吸引投资者,回购合同项目由国外石油公司提供资金,进行项目开发、工程实施,并在工期结束后将项目运营权移交给伊朗。在伊朗受国际制裁及全球经济低迷背景下,回购合同中的投资回报率不确定性加大。面对此形势,中国企业可通过协商谈判,增加一些保护自身作为承包商利益的条款或共同承担这些风险,例如,可以协商延长合同期或延长确定资本成本上限的时间,如果制裁导致项目中途停止,可以要求通过其他油气田的产品或收入来补偿承包商已发生的成本等等。

3.加强与石油公司间竞合关系

海外石油项目开发具有资金和风险密集特性,走与国内石油公司(主要是中石油、中石化)竞合之路是中海油很好的选择。当然,近年来中海油的经营策略也明显呈现出这样的特征,并通过竞合之路在国内和国外项目开发和海外收购上都获得了一定成果。本案例中,中海油北帕尔斯油田项目被叫停前两个月,中石油的南帕尔斯项目也被提出警示,且伊朗方面称中海油北帕尔斯油田项目恢复情况依南帕尔斯油田进展而定,这也在客观上建立了中海油和中石油的利益纽带,两者在伊朗具有共同利益关系,两者的合作对提高与伊朗方谈判中的话语权和主动权具有重要作用。 🖻

参考文献

[1]方小美.国际制裁将直接冲击伊朗油气生产[J].国际石油经济,2010(10).

[2]卫旭东,胡君茹.从地缘政治的角度分析中伊贸易问题[J].国际商务研究,2010(6).

[3]侯浩杰.海外石油工程项目面临的社会安全风险与对策[J].石油工程建设,2010(1).

[4]薛静静,郭巧梅,薛真真.基于国际视角中伊石油合作政治风险探讨[J].西南石油大学学报(社会科学版),2011.

[5]黄昶生.基于合作博弈的我国石油公司间竞合利益分配模型的构建与应用[J].价值工程,2010.

[6]迟愚,李嘉.伊朗油气回购合同执行中的风险及对策分析[J].国际石油经济,2010.

"劳务派遣"劳务组织模式
在核电工程施工中的实践

胡立新

（中国建筑第二工程局总承包公司，北京 100069）

摘　要：进入 21 世纪以来，由于多种因素影响劳动力组织、管理已成为我国建筑业面临的一大难题，目前已对我国建筑企业健康、持续发展造成影响且有日渐加深的趋势。在这种背景下，对于以建造"质量"来保证"运行安全"的核电工程，劳动力组织问题就更显突出，本文力图通过辽宁红沿河核电站"劳务派遣"模式的实践及多种劳务组织模式的优缺点比较，探讨建筑企业"劳务派遣"劳务组织模式的适用价值。

关键词：劳务派遣，劳务分包，自聘班组

一、我国建筑业劳动力现状

建筑业是劳动密集性行业，我国建筑业从业人员以农民工为主，据统计，目前建筑业农民工人数已经达到 3 100 万人，占建筑行业从业总人数的80.5%。

目前建筑业通行的劳务组织模式为"劳务分包"模式，在这种模式下，劳动力主要由劳务公司提供并进行管理，包括劳动力组织、劳动合同签订、任务安排、薪资计发、纠纷处理等。

进入 21 世纪以来，由于多种因素影响劳动力组织、管理已成为我国建筑业面临的一大难题，目前已对我国建筑企业健康、持续发展造成影响并有日渐加深的趋势，主要体现在：数量短缺、素质技能低下、熟练工人严重不足、流动性大、组织管理起来较为困难。

劳动力短缺主要由以下原因造成：

1.相对其他行业而言，建筑业欠薪问题突出是不争的事实，尽管全国各地已纷纷掀起清理工程拖欠款和民工拖欠工资的热潮，但农民工为索要工资而采取过激行为的报道仍屡见报端。

2.工作环境不佳。建筑企业所需的农民工多为劳动强度大的岗位，不仅如此，由于工期等方面的原因，有些建筑工人一天需工作 16 小时；工地的吃住条件极为简陋。

3.农民工对打工的选择多了。

4.务农的比较效益提升，农民的收入增加，部分农民工转向农业，民工外出减少。

5.年轻劳动力供给下降。建筑农民工多为青壮年劳力，而现在 18~22 岁的民工多为计划生育的一代，一是少，二是相对比较娇气。部分独生子女不愿意愿远离父母到外地从事劳动强度较大的工作。

6.劳动力市场的功能尚不完善。目前我国没有一个全国性的劳动力供求信息网络，无法使劳动力的配置达到最佳。同时非法中介诈骗、社会环境复杂等因素使部分农民工出来务工有所顾忌。

劳动力素质技能低下、熟练工人严重不足则主要是由于：建筑业农民工大多文化水平不高，平均受教育年限为7年，相当于小学毕业水平，仅有15%左右达到高中教育程度。其次，技能水平低下，仅有7%左右的农民工参加过专业技能培训。同时受收入不高、作业时间长、劳务公司运作不规范等的限制，大多数农民工无法参加相关的操作培训。由此，造成这些农民工在一线作业，特别是从事高空等危险作业时，易因违规操作、无自我保护意识而导致隐患丛生、同类事故的反复发生。

劳动力流动性大，组织管理起来较为困难是因为：目前我国农民工市场极不规范，农民工说到底还是农民，无有效手段对其进行管理约束，他们可以随时离开，原因可以是因为收入不理想、春种秋收、工作不顺心等等。而作为法定的农民工的组织管理机构——劳务公司在农民工稳定方面所起的作用极其有限，无有效组织也就无纪律可言，依靠劳务公司对农民工实施管理显然难以尽如人意，劳动力短缺使这种情况进一步加剧。所以近些年我们经常听到这样的抱怨说"现在的农民工素质、责任心大不如前了，不听话了、难管了"等等。

二、核电工程"劳务派遣"劳务组织模式提出的背景

核电是具有极大开发利用空间的高效清洁能源，随着核电运行技术和安全技术的不断完善，随着全球性能源紧张局势的进一步加剧，核能发电在世界未来能源结构中的地位将逐步提高，核电已迎来高速成长期。"十一五"核电规划中，我国2010年要新建核电站31座，新增核发电能力3 100万千瓦，并有1 800万千瓦接转到2020年以后续建，增长数量和增长率均居世界第一。其中中建总公司的战略合作伙伴——中广核集团目前投资再建的核电站就有6座，并有4座即将或已经启动。中建二局作为目前国内仅有的几家核电土建工程施工承包商之一先后参与了七座核电站的建设，其中有三座目前仍在施。

由于核设施的特殊性，核电建设必须强制执行《核电厂质量保证安全规定》HAF003-1991(注：该规定是中华人民共和国核电厂安全法规的第四部分，由国家核安全局负责制定，对核电厂的厂址选择、设计、制造、建造、调试、运行和退役期间的质量保证大纲的制定和实施从"人、机、料、法、环"等方面提出了原则和目标)。我们常说"核电无小事"也正是基于核设施的特殊性，显然核电工程建造质量是确保核电安全运行的重要环节之一。

面对第一节所述我国建筑业劳动力现状，劳动力组织自然就成为确保核电站建造质量的关键所在——我们必须找出一种能够有效解决劳动力管理控制及稳定问题、劳动者的素养技能在过程中不断提高，对核安全文化有所认同、并能适度规避劳动合同风险的劳动力组织模式。在这种情况下，"劳务派遣"模式产生了——由本人负责实施的辽宁红沿河核电项目首次大规模采用"劳务派遣"的劳务组织模式。

三、核电工程"劳务派遣"劳务组织模式实践

(一)"劳务派遣"的定义

劳务派遣是指由劳务派遣机构与派遣劳工订立劳动合同，由派遣劳工向要派企业(实际用工单位)给付劳务，劳动合同关系存在于劳务派遣机构与派遣劳工之间，但劳动力给付的事实则发生于派遣劳工与要派企业(实际用工单位)之间。

(二)红沿河核电项目"劳务派遣"模式简介

由本人负责实施的辽宁红沿河核电站项目首次大规模采用"劳务派遣"的劳务组织模式。这种模式与其他用工模式的不同主要在于：1)劳动力由劳务公司以成建制班组提供并与工人签订劳动合同，这

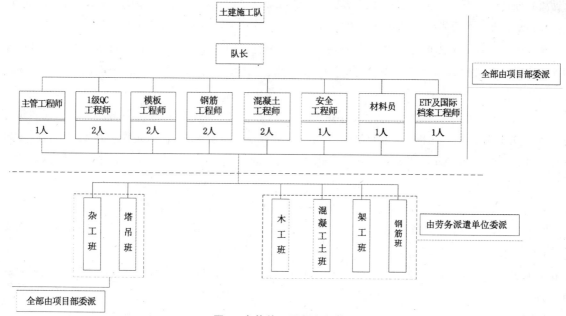

图1 主体施工队组织机构图

样不仅能够确保充足的劳动力来源,并可规避部分劳动合同风险;2)劳务公司只负责人员进退场、行政后勤、思想教育等工作,不参与现场管理,班组现场管理包括任务派遣,质量、安全、进度控制等均由项目部完成,对工人的管控力度较之于"劳务分包"大大提高;3)结算工作主要在项目部与班组之间进行,劳务公司按完成工作量按合同约定提取管理费,工资实行委托代发,可进一步加强对班组的管控力度,稳定队伍。从具体实施情况看这种组织模式有效可控,效果较好。下面就红沿河核电"劳务派遣"模式介绍如下:

1.劳务工的来源及组织模式

由劳务公司以班组为单位为本项目提供劳务并与工人签订劳动合同,项目部通过施工队的机构对班组实施管理,施工队班组长以上的管理人员(包括专业工程师、一级 QC 工程师、安全员等)均由项目部委派。劳务公司设常驻现场代表一名,主要负责劳务

人员的后勤管理,包括人员进退场、各类证件的协助办理、劳资纠纷及工伤协助处理、劳务工思想工作等。项目部会同业主通过实地考察,并通过招标方式选定三家劳务公司作为本项目的劳务派遣单位,分别负责 1MX、2MX 及联合泵站的施工(图 1)。

2.与劳务公司的结算及支付

劳务公司费用分为乙方派遣劳务的计件工资、劳务派遣方的利润及税费以及乙方管理费和社会保险费三个部分,表1为费用组成例表:

其中:

1)乙方派遣劳务的计件工资(包括以下方面):

A.直接劳务计件工资:

—由于检查、待检、测量、放线等而造成的等待时间;

—夜间施工增加费、超高费、冬期施工费;

—测量、放线用工等其他为完成本工程所需要的用工和费用;

表1

序 号	单价号	单位	工程量	单 价				
				乙方派遣劳务的计件工资			乙方管理费	
				直接劳务计件工资	安全文明施工费	加班费	利润	税费
7	3TA.B1	平方米					%	

—材料的卸车、施工场地内材料二次搬运(注：水平垂直运输机械设备由甲方提供)；

—为完成施工任务必要的节假日及超时的加班工资,此部分工资由甲方直接支付给劳务工人；

—对于因乙方自身原因造成的现场窝工费用已在计件工资中综合考虑,在工程施工过程中不再另计算相应的费用；

—按照政府相关规定应缴纳的个人所得税。

B.安全文明施工费：指施工作业班组按项目部的要求为满足安全文明施工要求而采取的各项工作的费用,包含但不仅限于下列工作：

—班组作业现场的清理；

—作业现场的半成品、成品保护费用；

—工完场清,并将垃圾运至甲方规定的垃圾存放点；

—安全防护的搭设及维护；

—材料的堆码整理。

班组必须按照项目部的要求完成上述工作内容才能拿到该笔费用,否则项目部将委派其他人员完成这些工作,并将该项费用全部或部分扣减。

2)乙方管理费包括：

A.直接管理费：包括但不限于：

—至少委派一名常驻该项目的工地现场代表的费用；

—处理劳务纠纷的所有直接和间接费用；

—乙方派遣劳务人员的进退场费用；

—乙方派遣劳务人员的体检费用；

—报价文件中其他乙方为本工程服务及管理的各项费用。

—上述管理费用以乙方派遣劳务的计件工资为基数,按费率百分率计算。

B.利润：以计件工资为基数,按费率百分率计算。

C.税费：按照国家税法乙方应缴纳的各种税金和地方政府规定应缴纳的各种费用。

D.合同包含的所有风险、责任等。

3)社会保险费包括：

A.按照乙方注册所在地政府相关部门规定由乙方为本合同派遣的劳务工人缴纳的社会保险费。

B.社会保险费应按照每人每月的缴费标准单独列项计价,按照实际发生的工作人月数量计算。

为保证工人工资的按时足额发放,乙方派遣人员的工资实行项目代发制,要求劳务公司与其班组按照或参照合同约定的"乙方派遣劳务的计件工资"单价签订承包合同并在项目部商务部备案,由项目部商务部、劳务公司按照该合同按月与班组进行结算,由班组长按照结算额编制工资表,劳务派遣单位及项目部审核,劳务公司签字及盖章,劳务工持本人身份证及工资卡在工资表上签字后由项目部直接将工资打入劳务人员的银行存折。

"劳务派遣方的利润及税费"以及"乙方管理费和社会保险费"由项目部按月与劳务公司结算并支付。

3.各项保证措施

A.保证劳务队伍稳定措施

对工人采用完全实名制管理,在未得到项目部同意的情况下,劳务派遣单位不得将已派到本项目的劳动力派往它处,若其违反,则项目部有权按人头对其进行处罚,并要求其赔偿由此带来的损失,此举也是为了确保劳动力的稳定。

在工作量不足、停窝工情况下项目部保证人员基本工资的发放,工资额不得低于当地最低工资标准,此举是为了确保劳务队伍的稳定。

红沿河核电项目的生活临时设施完备,相对来说,对工人加班也有严格的控制。

B.劳务工素质及工作效率保证措施

—商务方面的保证措施

若按劳务派遣单位提供的劳动力数量来支付其费用(提供一个人每年支付劳务公司多少钱),则存在两个问题,一是其劳动力素质与劳务派遣单位关系不大,二是劳动力的工作效率及工作质量与劳务派遣单位关系不大,故在劳务派遣合同中必须对劳务派遣单位加以约束,最有效的手段是其利润、管理成本与其派遣人员素质挂钩。

—劳务工审查及评价制度的建立

建立劳务工进场前审查制度,针对不同的工种提出相关标准条件,劳务工进场前,项目部相关部门对照该标准条件对劳务工进行审查,符合条件方可批准进场,具体项目部制定有《劳务人员进退场管理办法》。

建立班组评价体系制度,双月针对不同的班组对其进度、质量、安全文明施工进行评价,排名前几位的班组给予适当奖励;

建立班组淘汰制度,对各方面表现欠佳且无改进的班组坚决清退,清退费用由劳务派遣单位承担,相关条款已在劳务派遣合同中载明。

—严格的培训制度

严格按照项目部相关程序对劳务工进行各项培训。

C.进度、质量安全及文明施工保证措施

所有材料及工具用具,所有劳动防护用品均由项目部免费提供,这样可确保安全、质量投入。

以制度促进管理,项目部针对班组的进度、质量、安全的管理制度主要有:《班组进度考核办法》、《施工质量考核办法》、《安全文明施工评比及奖惩办法》等。

四、各种劳务组织模式优缺点分析

(一)劳务派遣模式

1.优点

—由于是项目部直接对班组进行任务派遣及管理,直接与班组进行费用结算及工资代发,故项目部对班组劳务工的管控力度较强;

—劳务公司相对于班组在劳动力协调能力方面要强得多,且由于劳务公司只需按照项目部劳动力计划提供合格劳务而不必承担停窝工风险,故可确保较为充足的劳动力资源;

—由于项目部在工作安排、结算、工资发放等方面直接面对班组,能完全掌握每个工人的收入情况,在环境发生变化(如人工费上涨、停窝工等)时能够及时调整政策且可直接落实到班组,故对稳定劳动力极为有利。核电工程的施工周期较长,一般要超过

四年,目前国内普遍存在的情况是每年春节之后劳动力必然要大换血,相比之下红沿河核电项目的情况要好得多,据统计90%以上的班组均能返回,班组内60%~70%以上的骨干仍能到位。核电工程对作业人员的日常培训非常重视,而稳定是作业者技能、素质、意识不断提高的必要条件;

—由于劳务用工合同是由劳务公司与劳务工签订,故可规避劳务用工合同风险,而随着2008新劳动合同法的实施及劳务工法律意识、维权意识的提高这种风险将越来越大;

—劳务公司的收支透明,工程完即结算完,免去了劳务结算艰难谈判。

2.缺点

—显然这种劳务组织模式的成本较高,停窝工状态下的稳定政策、所有材料以及工具用具和劳动防护用品的提供、全方位全面深入的管理都是造成这种模式成本较高的原因;

—结算工作量大,由于与班组的结算主要是由项目商务部与班组进行,这就造成商务部结算工作量较大;班组间费用平衡较为困难,当某一分项施工难度相对较大、合同单价明显不合理时,班组就会要求调高该部分单价,但某一分项明显难度小、含金量不大时要想调低合同单价几乎是不可能;

—劳务公司在施工管理方面发挥的作用小,对项目部管理人员素质要求较高,并需配备充足;

—由于劳务公司只收取管理费及适当利润,其中管理费是按人月收取,故尽管项目部采取了系列举措,但其提供的劳务仍不乏滥竽充数者,劳务人员数量的准确动态统计也是较大难题。

(二)自聘班组模式

这种劳动力组织模式曾在我局施工的岭澳核电二期、台山核电站采用。

1.优点

—由于是项目部直接与劳务工签订劳务合同、与班组签订承包合同,直接对班组进行任务派遣及管理,直接与班组进行费用结算及支付,故项目部对班组及劳务工的管控力度最强;

—能够而且已经培养出一些素质过硬、适应核电管理模式、认同核安全文化的较为稳定的班组；

—工程完即结算完，免去了劳务结算艰难谈判。

2.缺点

—成本同样也较高，结算工作量同样较大，班组间费用平衡同样较为困难，原因同"劳务派遣"模式；

—由于劳务用工合同由项目部与劳务工签订，故存在较大劳动合同风险；

—对项目部管理人员素质要求较高，并需配备充足；

—劳动力协调能力相对较弱。

(三)劳务分包模式

1.优点

—此模式在建筑行业普遍采用且已非常成熟，劳务公司都能适应；

—由于劳务公司承担了部分风险(如停窝工风险、工伤事故风险等)，配备了部分基层管理人员，提供部分工具用具、辅助材料及劳动保护用品，故此模式成本相对较低；

—可充分发挥劳务公司在施工管理方面的作用；

—无劳动合同风险；

—结算工作量较小，劳务公司可对班组费用进行适当平衡。

2.缺点

—在这种劳务模式下项目部对班组任务的下达是通过劳务公司代表进行，与班组的结算也是由劳务公司进行，故项目部对班组的管控力度较差；

—由于上述原因，劳务公司自身素质就显得尤为重要；

—通常情况下停窝工风险由劳务公司承担，电力工程建设特点决定很难安排均衡生产，劳务公司从自身利益出发，往往宁可使工期拖延也不愿意增加劳动力，如不能有效解决则必将对工程施工造成较大影响；

—劳务公司出于成本的考虑在劳保用品、工具用具配置方面可能会打一些折扣；

由于劳务公司利润情况的不透明，一般情况下结算谈判都比较艰难。

五、"劳务派遣"劳务组织模式需改进方面及推广价值

通过前面的分析，笔者认为这三种劳务组织模式各有优缺点，只能讲那种模式更适合那个公司或那个项目而不能简单讲能或不能采用，不管采用何种模式都必须有效地进行管控，出现矛盾必须及时、彻底予以处理化解以免激化，否则再好的模式也不适合。

对于核电项目，尤其是对于中广核工程公司负责管理的核电项目，笔者认为应当采用以"劳务派遣"为主、"自聘班组"为辅的劳务组织模式，这一方面是由于核电工程对班组及劳务工管控力度要求较高，另一方面是由于中广核工程公司对劳务组织模式方面的要求——已明文规定不允许采用劳务分包(清包)模式。

"劳务派遣"模式在红沿河项目是第一次采用，在实际运行过程中暴露出许多问题，这些问题需要加以改进完善，基于此，红沿河项目在后续的砌体及装饰工程劳务组织模式中已进行优化，如针对结算工作量大、班组费用平衡较为困难的问题改用项目与劳务公司结算、劳务公司与班组结算方式，但班组任务派遣仍以项目为主，施工队管理人员仍全部由项目委派，商务部对劳务公司与班组结算全程监管，工资仍由项目代为发放；针对劳务公司提供的部分劳务工的素质及劳务人员数量的动态准确统计较难的问题对价格体系进行了改进，合同单价中综合了劳务公司管理费、保险费，从而堵塞了这方面可能出现的漏洞。

红沿河项目"劳务派遣"模式的实施过程中遇到的另外一个问题是辅助材料(如铁钉、钢筋绑扎丝、双面密封胶带等)的损耗控制不尽如人意，针对这种情况可根据核电工程的特点采用项目部统一采购、合同确定单价、班组领用并有偿使用的方式，这有待于在后续工程中实践。Ⓡ

中铝投资澳大利亚
昆士兰铝土矿项目风险管理浅议

王 健

（对外经济贸易大学国际经济贸易学院，北京 100029）

近年，中国加大了对海外矿产资源的投资力度。宝钢、武钢、中钢、中信泰富、兖州煤业、中铝等中国企业，都在澳大利亚投资了铁矿、焦煤、铝土等资源项目。目前，已有少数中国企业宣布放弃或搁置澳大利亚资源项目。中钢宣布暂停在西澳的 Weld Range 铁矿项目，停止与之相关的所有工作；7 月 2 日，中铝宣布退出昆士兰铝土矿项目，终止了与澳大利亚昆士兰州政府（Queensland）就 Aurukun 铝土矿资源开发的探讨。中国企业投资海外矿产资源为何屡遭失败，为找出深层次原因，本文以中铝昆士兰项目为例，对其失败原因从风险管理角度进行深入探索，总结失败教训，并结合风险因素提出相应的对策建议，以供中国企业成功投资海外资源项目提供借鉴。

一、项目简介

中铝投资的铝土矿项目名为奥鲁昆项目，位于澳洲昆士兰州北部的约克角，估计资源量约 4.2 亿吨。澳洲政府曾将该资源的采矿租赁权于 1975 年被授予法国铝业公司，但一直未得到开发。2004 年 5 月，昆州政府通过立法程序收回该矿的租赁权，并于 2005 年 9 月 14 日正式启动对奥鲁昆资源开发的全球招标。全球资源及铝行业的知名公司几乎都对该项目表现出了浓厚的兴趣，共有 10 家公司参与竞标。中铝公司从 2003 年年底开始跟踪奥鲁昆项目，并于 2005 年 9 月 15 日正式参与昆州政府主持的全球招标。2006 年 3 月，中铝击败 10 家国际竞标者，成为一个价值 29 亿

澳元（合 22 亿美元）铝土矿开发项目的首选企业。

2007 年，中铝正式和澳大利亚昆州政府就奥鲁昆铝土矿项目开发在澳大利亚昆士兰州首府签约。中铝公司计划在昆士兰州东海岸建成年产 210 万吨的氧化铝厂及 1 000 万吨铝土矿山和相关设施，项目总投资约 30 亿澳元。2010 年 6 月，考虑到成本飙升和铝市场不景气，中铝搁置了 Aurukun 项目的建厂计划，并试图与昆州政府探讨更改原有投资协议的可能性。谈判再次维持了整整一年，双方依然未能就新投资方案谈拢，最终于 2011 年 7 月双方宣布停止该项目。这一结果无论对中铝还是昆州政府，都带来损失。

从竞标到最终中止交易，中铝在 Aurukun 铝土矿项目上共花费 5 年多时间，如果成功，Aurukun 将是中铝在澳大利亚直接投资的第一个资源项目。只可惜，最终该项目以失败而告终。

二、项目风险

众所周知，科学的风险管理是项目成功的关键，特别是对于投资海外矿产这类面临巨大不确定性风险的大型项目。通过调查分析，中铝投资的昆士兰项目，风险防范不力与风险应对不当是项目最终失败的主要原因之一，下文即是对其所面临的主要风险进行的具体分析。

1.决策风险

中铝在投资该项目前期并未从全局角度、长远

利益出发对其进行综合评估,这是项目最终失败的首要原因。Aurukun 原本有包括加拿大铝业、美国铝业公司和力拓等行业巨头在内的 10 家竞购企业,后来考虑到 Aurukun 资源储量质量不高、安排土著居民就业困难、引入外国劳工门槛较高、Aurukun 所在地区偏远交通极为不便,外加建立一家能耗较大的精炼厂显著增加成本等综合性问题,这些企业纷纷退出。当时,中铝认为铝业市场表现强劲、中铝现有开采技术可以支持中铝投资 Aurukun。而且,竞标 Aurukun 时的 2007 年,中铝年利润破 200 亿元,挤掉一直以来盘踞在国内冶金行业中央企业利润排名老大的宝钢,成为新霸主,认为其有强大财务支持,所以最终还是决定开发此铝土矿项目。但 2008 年金融危机的接踵而至,利润"新霸主"不到两年时间成为国内"最亏钱央企",财务状况不断恶化,铝价也从顶点下落,使得该高溢价项目利润空间严重缩水,最终成为负盈利项目,这是中铝决定投资之初未曾预料到也未曾考虑的。

2.政治政策风险

政治政策风险主要包括国家政治风险、政策性风险、社会文化风险等。政治风险的突发性、强制性往往使海外投资者措手不及。2010 年 5 月,澳大利亚政府宣布,计划从 2012 年 7 月开始,对资源开采类企业开征高达 40% 的资源税,以支付日益升高的基础设施建设投资及退休金。后经过一系列的谈判,政府最终将税率下调至 30%。降低资源税征收对矿山企业来说是利好,但 30% 的征收幅度仍不小,与其他资源重税国家如加拿大、巴西相比,澳大利亚的"超级利润税"还要重两倍,这极大抬高了企业经营成本,增加了企业投资开发风险,对项目投资的回报率产生了不利影响。2010 年 6 月 30 日,中铝宣布终止在澳大利亚昆士兰州的奥鲁昆铝土矿资源开发项目,直接原因即是澳大利亚资源税政策的出台。

3.市场风险

市场风险主要包括价格波动风险和经济周期风险。早在 2006 年 6 月,中铝对 Aurukun 完成可行性调研,并于 2007 年 3 月与昆州政府正式签署项目开发协议。协议同意中铝在 Aurukun 进行为期两年

的铝土矿开发可行性研究,但中铝在对 Aurukun 进行可行性研究的两年间,市场形势急转直下,铝价也顺势下跌。中铝收购这个项目的时候,正是铝市场最红火的时候,价格也非常高,随后,受 2008 年经济危机影响,铝价大幅下跌。2007 年 LME 铝价达到了 3 300 美元/吨的历史高位,目前铝价已降至 2 700 美元/吨左右,下降幅度巨大,使得该高溢价项目的利润严重缩水。此外,投资初期,铝业市场火爆,供不应求,现在铝业产能过剩,供过于求,同行业间竞争也更加激烈。面对铝市场的种种变化,中铝未及时制定防范和应对措施,最终未在市场发生不利变化情况下躲过一劫。

4.成本风险

中铝退出昆士兰铝土矿项目的最直接原因就是由于项目各项成本大增。由于采矿设备、基建原材料、人工等成本增加,再加上澳大利亚提高资源税和汇率等因素,矿石的吨矿投资成本上升了 20~30 美元/吨。劳工方面,国家强大的工会组织以及倾向明显的劳工保护政策,使投资项目的推进步履维艰。由于目标地国家保护当地就业的政策,使得劳工输出又障碍重重。汇率方面,2007 年,澳元兑美元汇率 1:0.7,四年后,澳元与美元之间的汇率已降至约 1:1。由于最终成本以美元结算,澳元升值导致中铝成本增加。此外,环境保护方面,环境保护的门槛日益提高,由此带来的高成本使中铝的昆士兰项目更是不堪重负。以上种种因素,极大提高了中铝投资昆士兰项目的开发成本,这是项目失败的最直接原因。

三、风险管理建议

虽然具体项目所面临的具体风险会有所不同,但上述风险在中国企业投资海外矿产资源过程中通常都会遇到,如何正确应对和管理风险,是海外矿产项目投资成功的关键。基于对上述风险因素的分析,本文提出了相关的管理建议。

1.审慎调查、科学决策

中铝昆士兰项目失败的首要原因即未能在项目开发前综合评估项目价值进而进行科学决策,国内各企业资投资海外矿产时应引以为鉴。专业审慎的尽职调查应当不仅涵盖项目前景、东道国政治立

案例分析

法体制、矿业和外商投资法律政策、执法惯例,还应涵盖环保税收政策、社区劳工、投资或并购对象的资质、权利瑕疵等方面。对上述基础性信息的收集与掌握,是做出正确决策、判断的基础,保证企业长期稳定运营的必要前提。在对海外投资矿产项目进行评估时,要充分考虑到矿产市场周期性变化因素,既不能以低迷时的价格评估而影响投资、失去机会,更不能以繁荣时的价格评估做出盲目乐观的决定。中国企业在进行海外投资时,必须寻找到"与企业自身战略目标一致、与基本业务紧密联系"的投资目标,避免盲目投资。

2.事前防范、降低风险

中铝投资失败另一原因即未能在风险来临前通过各种手段提前预防,中国企业应吸取此教训。为了规避风险,最大限度地保证海外投资的利益,首先,国内企业在选择海外投资时应尽量选择具有稳定的矿业政策和能够对价格变化起调节作用的税收制度的国家或地区。其次,国内企业应加强对所投资国的土地、税收、劳工、外汇管理等政策的研究。同时,可通过与对方建立合资企业,加强与投资银行、专业咨询机构等的联系和交流,与所在国签订投资保障协议等方法加强风险防范。此外,为防范政治风险,企业还应建立健全国家海外投资保险制度,即由企业向其本国指定的保险公司购买海外投资政治险,发生保险事故后,先由本国保险公司赔偿企业损失并获得企业转让而来的追索权,然后该国政府代替企业向发生政治险事故国索赔。目前,中国在与多国按照国际惯例签订投资保护双边协议时,都已有该类内容的约定。

3.制定计划、控制风险

未制定风险应对计划和具体处理措施或许是中铝失败的另一原因。因此国内企业为使投资项目能正常顺利运营,在发生不利风险时能将其控制在一定范围内而不至于影响整个项目的进程,应当制定专门的风险控制计划。对于风险极高、投资巨大的矿产资源开采项目,在通过各种手段降低成本的同时,制定详细全面的资源开发风险控制计划,针对可能遭遇到的风险,制定出预防和处理风险的具体措施以及相应的风险评估。此外,设立风险基金也

是防范控制风险的重要措施。风险基金一般是为了预防劳动工资率的变化,劳动生产率的变化,政府法规修订,工程进度影响等。由于风险的客观性,想完全消除风险是脱离实际的。为了在风险发生时能有效地抵制其影响,中国企业在海外矿产勘探开发项目的预算中应设立风险基金,并对其进行严格的管理,为补偿某些风险发生可能带来的损失而预留估算费用。

4.完善机制、约束风险

完善风险约束机制,以积极态度面对风险,这不仅是对中铝这类投资海外的企业而言,所有投资矿产的企业在项目运营中都应予以足够重视。为了有效约束风险,国内各企业可以借鉴国际石油公司的普遍做法,首先,制定奖罚分明的奖惩政策。在投资决策责任方面实行经理人员责任制,实行投资效益与红利和职务升迁挂钩,促使各级经理精选投资项目,慎重科学决策,强化风险管理;对于提出任何有利于提高风险投资效益建议的公司员工,给予奖励。由于经理人员的责任造成风险投资项目的重大损失的,经理要受到相应的处罚。其次,实施动态监督,重视项目后评价。完善报表监控制度,同时广泛采用计算机进行动态模拟分析,及时发现情况,以便于采取对策,把风险的不利影响控制在最低限度。项目完成后,还应及时进行项目后评价,对风险投资决策及各个实施环节进行全面检查,总结经验,反省教训,进一步提高风险管理的水平。

参考文献

[1]任宏,张巍.工程项目管理[M].北京:高等教育出版社,2005.

[2]邬亲敏.海外工程风险管理初探[J].中国港湾建设,2008(4).

[3]王琳,王利国.国外石油公司项目风险管理借鉴[J].江汉石油学院学报,2007(6).

[4]杨贵生,陈漠.中国矿业海外投资风险及应对策略[J].海外投资与出口信贷,2010(5).

[5]中铝昆士兰项目支出3.4亿或需作减值处理[EB/OL].腾讯财经频道.http://finance.qq.com/a/20110704/003311.htm.

桥梁工程项目风险管理分析

——以港珠澳大桥的施工为例

陈文婧

（对外经济贸易大学国际经贸学院，北京 100029）

2009 年 12 月 15 日，筹备 26 年之久的港珠澳大桥正式动工，这座大桥的建成将彻底改变香港、澳门、珠海三地的交通格局，也将对三个地区经济的一体化、深层次发展起到举足轻重的作用。这座世界最长的跨海大桥由于投资资金多、施工难度大，在项目筹备期间已受到国内外的广泛关注。如今，大桥开工近两年，它也曾因环评风波等事件成为公众关注的焦点，桥梁的建设一度陷入僵局。桥梁施工本是一项复杂的工程项目，其间存在着大量的风险因素。港珠澳大桥作为国家重点工程项目，能否按期保质地完成桥梁建设，提前识别风险、加强管理、做好全面的风险管理工作显得尤为重要。

一、港珠澳大桥风险分析

根据桥梁工程项目的特点和港珠澳大桥所处的特殊的人文地理环境，该大桥在施工过程中可能遇到的风险可以分为三类，如表 1 所示。

1.质量风险

质量风险是港珠澳大桥乃至所有桥梁施工过程中面临的最主要的风险之一，这里可以把港珠澳大桥面临的质量风险分为技术事故风险、人员管理风险和环境破坏风险。

技术事故风险是指由于技术原因导致桥梁坍塌，甚至造成人员伤亡事件的可能性，其原因可能是设计不合理、施工方法错误或者施工质量不达标。国内外历史上这样的案例不在少数：2007 年 6 月 13 日，广州珠江黄埔大桥引桥在施工时，1 000 多吨重的砂包将 18m 高的支架压垮，导致 2 人死亡。该事故原因是支架螺栓松动，加上砂袋因雨水浸泡超过了支架承重极限。同珠江黄埔大桥相同的是，港珠澳大桥所处地区属于亚热带季风气候，夏季炎热多雨，大风降雨等天气可能会对大桥施工造成破坏。然而，案例中更重要的原因是施工质量不达标，例如螺栓松动等，可见人为的操作不规范、施工质量不合格可成为桥梁质量问题的源头。因此，在港珠澳大桥施工过程中，要全面考虑自然因素和人为因素，防止出现因技术问题而引发的桥梁事故。

人员管理风险是指由于管理制度不合理或工作人员失职而发生事故的可能性。湖南省凤凰县堤溪沱江大桥曾发生一起重大坍塌事故，造成 64 人死亡，事故原因是施工单位擅自变更原方案，违规使用料石，加上建设单位项目管理混乱，未对发现的质量问题进行督促整改。港珠澳大桥原定于 2016 年竣工，时间跨度长达 7 年，同时，大桥建设涉及"一国两制三地"，管理协调的难度较大，如何有效地进行人员管理，避免因管理失败而导致的施工事故是

表 1

施工过程中的风险	质量风险	技术事故风险
		人员管理风险
		环境破坏风险
	进度风险	政策法规风险
		气候灾害风险
		技术难度风险
	经济风险	物价上涨风险
		机械费用风险
		管理费用风险

大桥施工单位亟需重视的一个方面。

环境破坏风险是结合港珠澳大桥特殊的地理位置而必须要考虑的一种风险。由于中华白海豚的自然保护区位于港珠澳大桥经过的珠江口海面,港珠澳大桥的建设不可避免地会对白海豚的栖息繁衍造成影响,主要表现在所建桥墩占用栖息空间和施工噪声等方面。保护好海洋生态环境,使大桥在惠及港珠澳地区经济发展的同时,把对环境的负面影响降为最低,这是评价整个桥梁工程质量的一个重要参考指标。

2.进度风险

大桥能否按期完工,直接影响到整个工程项目的经济效益,这里把进度风险分成政策法规风险、气候灾害风险以及技术难度风险。这三类风险分别是从三个方面分析了可能造成桥梁施工延期的原因。

政策法规风险是指由于不符当地政策法规而被强制停工的风险,港珠澳大桥连接港、澳、粤三地,由中国内地和香港、澳门特别行政区共同建设,大桥的建设难免会受到不同体制下政策法规的制约。气候灾害风险和技术难度风险分别从外在自然因素和内在技术条件,分析了在施工过程中可能遇到的难题。因此,施工单位需及时进行天气预报的信息收集工作,继而提前做好应对措施,减少恶劣气候对桥梁施工的不利影响;对于重大的技术难题,提前进行问题评估,建立科研项目,找到解决方法是防范进度风险的重要举措。

3.经济风险

经济风险从施工成本角度分析了指由于原材料价格上涨,施工机械费用和管理费用增加等问题造成的项目成本升高,从而经济效益减少的风险。

港珠澳大桥作为一项工期长、难度高、投资巨大的大型工程项目,势必会面对很大的经济风险,防范措施可包括:加强材料采购部门管理,打通购货渠道,签订好购货合同;科学安排施工生产,提高设备的使用效率,降低机械闲置率,避免因为人为安排不当造成的机械费用增加;制定规范的管理制度,

严格按照规章制度进行施工生产等。

二、港珠澳大桥采取的风险管理措施

在港珠澳大桥的施工期间,港珠澳大桥管理局组织了一系列风险管理措施,取得诸多显著成果。管理局由广东省人民政府、香港特别行政区政府和澳门特别行政区政府共同成立,主要承担港珠澳大桥主体部分的建设、运营、维护和管理的组织实施等工作。这里主要分析管理局在应对桥梁的质量风险中所采取的措施,应对的风险主要为技术事故风险和环境破坏风险。

在技术上,根据港珠澳大桥管理局2010年发布的《港珠澳大桥主体工程初步设计方案及关键技术问题》,管理局就港珠澳大桥的工程概况、初步设计推荐方案、重要工程问题做了详细介绍,并提前就下一步面临的重点研究方向:主体结构大桥、沉管隧道、人工岛、保障技术、安全与管理作了科研规划。同时港珠澳大桥拥有国家科技支撑计划——港珠澳大桥跨海集群工程建设关键技术研究与示范,该项目针对工程建设关键技术问题,开展研究5大课题,分19个子课题,科研力量的完备性能为港澳珠大桥建设的技术问题提供有力的保障。

在环境保护上,港珠澳大桥根据《港珠澳大桥主体工程初步设计阶段珠江口中华白海豚国家级自然保护区内施工方案专项论证报告》,对途经白海豚保护区的施工桥段做了桥墩数量、施工方法、人工岛建设等各个方面的调整。管理局也通过增设海洋环境监测机构、公开选聘环保顾问,实施中华白海豚保护演练等措施减少对白海豚生活坏境的破坏。

三、港珠澳大桥面临的挑战

如今,港珠澳大桥的施工进程面临了一项巨大挑战。事件源于2010年1月,居住于香港东涌的老太朱绮华,因港珠澳大桥香港段的环评报告中没有评估臭氧、二氧化硫及悬浮颗粒的影响一事,向香港高等法院申请司法复核,要求推翻此前香港环境署颁布的环评报告。2011年4月18日,香港高等法

院正式裁定香港环保署 2009 年的环保报告不合格。理由是该环评报告没有预测在不兴建大桥时空气质量的数据,没有完成空气质量的独立评估,不符相关要求。5 月,香港政府向高等法院的裁决提起上诉。此案件的转机出现在 9 月 27 日,香港高等法院判决现香港政府在上诉中胜诉。法庭指出,港珠澳大桥工程目前的环评报告内容已经足够。目前,港澳珠大桥香港段将在年底前动工,但由于环评风波,大桥的施工已拖延一年多,港府表示争取大桥能在原定计划 2016 年通车,但即使如期完工,工程费用保守估计也将因工程价格上涨和赶工造成的费用上升而增加 65 亿港元。倘若大桥不能按期完工,对港珠澳三地的经济影响更是不可估量。

环评事件对大桥工期以及费用造成的不利影响直接导致了桥梁的进度风险和经济风险,这对于香港政府来说是未曾预料到的,即使最后港府在上诉中获得胜利,也是由于港府初期的环评报告确实没有严格遵守要求造成的,损失不可弥补。众所周知,环境保护一直是香港工程项目中公众关注的重要部分,为了保证大桥工程的顺利完工,严格按照法定程序做好环评报告就显得尤为重要。而在此次事件中,香港环保署的环评报告存在疏漏,是导致这一事件的最初原因。桥梁的进度风险中有一项为政策法规风险,任何工程项目必须考虑到当地的社会因素,对于香港这样一个的法制化程度极高的社会环境,只有提高规范意识,严守法制轨道,踏踏实实对每一项法定要求进行审核,类似于环评风波的事件才不会发生。

四、建立完善的风险管理机制

随着环评风波的结束,港珠澳大桥香港段即将动工,大桥的整体建设最终提上日程。在未来施工过程中,港珠澳大桥还将不可避免地遇到各种风险,建立一套完善的风险管理机制是至关重要的,这里按照风险发生前和风险发生后来简要讨论桥梁在施工中的风险管理措施。

1.风险发生前,设立一套风险评估和风险预警机制

在施工初始阶段,充分了解桥梁情况,收集相关数据,包括地理环境,天气情况等资料,做好设计图与现场环境核对工作,同时邀请有经验的桥梁专家在施工现场进行指导。在发现问题时,组织专家对设计进行修改,以此来避免因设计问题影响桥梁施工。

在施工过程中,对于不可避免的自然灾害,加强物资准备并确立灾害预警机制,提前预报灾害信息;对于人员管理,进行管理和施工人员的安全教育和技术培训,完善岗位制度并适当采用奖惩措施,预防因操作不当而造成的风险;定期对施工每一环节进行质量评估和进行安全排查,及时发现并排除风险因素。

2.风险发生后,制定一套控制损失的应急预案

风险发生后,及时调查存在问题,分析事故原因,制定下一步的控损措施。对于重大的经济损失,可在风险发生后通过事先的投保方式转移损失。

五、总结

港珠澳大桥是作为我国近年来重点投资的大型工程项目,桥梁施工的风险管理是一项系统性管理工作,回顾过去在风险管理中的成功经验与失败教训,制定一套完善的风险管理机制,对于桥梁2016年顺利完工具有极为重大的意义。

参考文献

[1]刘晋.工程风险管理案例研究与分析[J].硅谷,2010(2).

[2]王涛.桥梁建设工程项目风险分析与对策研究[J].中国科技博览,2011(19).

[3]李德元,靳方倩.桥梁施工阶段的风险因素的识别[J].今日科苑,2011(2).

[4]陈自力.桥梁工程项目风险管理认识与运用[J].科技创新导报,2010(31).

[5]苏权科.港珠澳大桥主体工程初步设计方案及关键技术问题[Z],2010-11-25.

从典型案例看承包人应对发包人反索赔应注意的法律风险

孟 微

(中铁建设集团有限公司, 北京 100131)

摘 要:本文站在承包人的角度,通过对发包人反索赔典型案例的阐述和分析,提示承包人在施工过程中应注意的几点法律风险,以及承包人可以采取的对策和防范措施。

关键词:案例,反索赔,法律,风险

一、发包人反索赔的概念

广义的发包人反索赔包括二方面:一是施工索赔的预防;二是发包人向承包人提出索赔。狭义的发包人反索赔,只指发包人向承包人提出索赔。本文中的发包人反索赔,除非特别注明,均指狭义的发包人反索赔。

二、发包人反索赔的几种常见形式

根据《建设工程施工合同》规定,因承包人原因不能按照协议书约定的竣工日期或工程师同意顺延的工期竣工, 或因承包人原因工程质量达不到协议书约定的质量标准,或承包人不履行、不完全履行合同其他义务,承包人均应承担违约责任,赔偿因其违约给发包人造成的损失。

1.工程质量反索赔

当承包人的施工质量不符合施工技术规程的要求时,或使用的设备和材料不符合合同规定,发包人有权向承包人追究责任,这类索赔通常表现为要求承包人对有缺陷的产品进行修补,要求承包人对不能通过验收的产品进行返工,要求承包人在规定的时间内修复存在质量问题的工程等。

2.工期延误反索赔

指工期延误属于承包人责任时,发包人对承包人进行索赔,即由承包人支付延期竣工违约金及因延期竣工给发包人造成的各项损失。

3.工程保修反索赔

承包人在保修期期间未完成法定或保修合同约定的保修义务时,发包人有权向承包人追究责任。如果承包人未在规定的期限内完成保修工作,发包人有权雇佣他人来完成工作,发生的费用由承包人承担。

4.解除合同反索赔

如果发包人合理的终止建设工程施工合同,或者承包人不合理的放弃工程施工,则发包人有权要求承包人承担因重新招标、施工对发包人所造成的全部损失。

5.对指定分包人的付款反索赔

指承包人未能提供已向指定分包人付款的合理证明时,发包人可以直接将承包人未付给指定分包人的所有款项付给这个分包人, 并从应付给承包人的任何款项中如数扣回。

6.其他事项反索赔

根据《建设工程施工合同》，承包人存在因不履行合同或不完全履行合同而造成的其他违约行为，或是由于承包人的行为使业主受到损失时，发包人均可以提出索赔。

三、从典型案例看承包人应对发包人反索赔应注意的法律风险

1.武汉某建筑公司被索赔3 032万工期违约金案

1998年6月，建设单位武汉某房地产公司与武汉某建筑公司经招投标签订了一份《建筑安装工程合同》。合同约定：由武汉某建筑公司承建某科技大楼（B）和综合楼（C1、C2）；质量标准为合格；合同造价以包干价方式计价；约定整体工程工期要求为，1998年6月18日开工，1999年5月31日竣工；其中B栋应于1999年5月31日竣工，C1、C2栋应于1999年2月15日完工；如承包人逾期竣工，逾期一个月以内处35万元罚款，逾期超过一个月，每日按合同价的千分之一承担违约金；合同还对工程款的支付进度及质量违约责任作了约定。

在工程的基础施工阶段发生了基坑塌方事故，研究加固和修复方案致使工程停工了237天；施工过程中还发生了造成工期一再延误的许多事由；最后C1、C2栋的实际竣工日期为2000年1月8日，B栋的实际竣工日期为2001年9月。2001年10月12日，双方办理了工程决算确认总价款为6 225万元，施工期间发包人已支付了5 020万元，尚欠1 204万元。

工程交付后，承包人以拖欠工程款为由提起诉讼，请求发包人支付拖欠款1 204万元，利息263万元。发包人以承包人应承担逾期竣工的违约责任为由反讼，请求承包人支付逾期违约金共5 280万元。

一审法院经审理确认发包人在施工过程中已经支付工程款5 020万元，尚欠承包人工程款计1 204万元。同时法院对C1、C2栋工期延误324天，B栋工期延误811天的原因进行审理，根据承包人提供的证据确认C1、C2栋可顺延工期61天，B栋工期可以顺延136天，而经上述核减后的逾期工期即C1、C2栋逾期263天及B栋逾期675天，法院认定应由承包人承担相应的违约责任。2003年10月31日，湖北省高院对该案作出一审判决，判决承包人应根据双方合同约定的日逾期违约金承担上述工程逾期竣工的违约责任，经计算承包人应承担的逾期违约金为3 032万元。同时认为发包人未支付工程余款，系行使抗辩权而无需承担违约责任。判决承包人和发包人各自应向对方支付的款项相抵后，由承包人向发包人支付1 828万元。

一审判决后，承包人不服判决向最高人民法院提起上诉，2004年6月29日，最高人民法院以一审认定事实不清为由将本案发回原审人民法院重新审理。原审人民法院另行组成合议庭重新审理本案后，认为原审认定事实清楚，证据确凿充分，判决结果并无错误。遂于2004年11月1日以与原审同样的判决结果作出重审判决。承包人仍不服重审判决再次向最高人民法院提起上诉。最高人民法院于2005年8月16日作出终审判决，维持原判。

从这个案例可以看出，确保工期按约定完工是承包人的法定义务，工期延误也是一旦涉讼发包人提出反诉的主要理由和依据。及时办理工期顺延或停工手续是承包人加强工期管理的主要内容。该工程在施工过程中确实存在设计变更、增加的洽商导致工程量增加、发包人延期付款、基坑质量事故等原因，这些原因必然会导致工程延期的天数均应予以相应顺延。但发生上述事件发生后，导致工期顺延的具体天数，就需要其他证据来证明。由于承包人在诉讼过程中，不能提供这些证据或提供的证据不够充分，或承包人在一审审理过程中就未提出上述主张，虽然这些事由可能都是客观、真实的，但因缺乏证据证明是不能作为法律依据的。

因此，如果这些事由在承包人履行施工义务的过程中，就及时与发包人办理了工期签证和工期索赔手续，即使这些签证或索赔不能在最终结算中体现，也能在诉讼过程中证明自己及时行使了合同权

案例分析

利,其工期顺延的主张也会获得法院的支持。

2.北京某施工企业结算完成后被索赔工期违约金

2005年3月4日北京某施工总承包企业(承包人)和北京某企业(发包人)就该企业投资建设的研发中心工程签订了《建设工程施工合同》,合同开工日期为2005年3月18日,备案合同竣工日期为2005年12月23日。该工程于2006年11月15日竣工,2008年1月22日完成竣工结算。至2009年8月31日,发包人已支付除保修金外的全部工程款。

2009年9月承包人以发包人未支付保修金为由向北京某法院起诉,该案一审、二审承包人均胜诉,并已收回保修金240万元。

2009年10月29日发包人以承包人逾期竣工为由向法院另案提起诉讼,要求承包人支付逾期竣工违约金345万元。承包人以双方已就建设工程进行了结算,结算金额已由双方盖章认可、已过工期追溯期限等理由进行答辩。一审法院认为2008年1月22日承发包双方签订的结算仅为双方就工程量及工程造价进行的核对,不涉及索赔及其他结算事项,故一审法院认定发包人有权提出工期索赔,并支持了其诉讼请求。2010年8月4日法院作出一审判决,判决承包人支付逾期交付违约金264万元。

在这起诉讼案件中,承发包双方没有签署竣工结算协议,其竣工结算金额是由发包人聘请的审核单位出具的《结算审核定案表》,经建设单位、施工单位盖章后生效的,此表中只有送审金额、审减金额、审定金额,并未显见有关工期了断的相关字迹。因此,承包人在办理竣工结算时均应在结算协议和结算书中体现本结算金额为双方合同约定的以货币结算的所有事项的总结算金额,不仅仅是工程造价的结算,也包括工期、质量及其他所有合同目标的总结和了断。以此明确结算范围,避免今后发生不必要的纠纷。

四、结束语

工期、质量索赔是发包人向承包人提起诉讼或在承包人索要工程款案件中反诉的常见理由。尤其是工期索赔,因为开工日期、竣工日期、逾期交付违约责任是《建设工程施工合同》的必备条款,只要实际完工日期晚于合同规定日期,发包人就可以向承包人主张索赔,对此发包人很容易举证,反观承包人则须提供大量证据才能证明工期延误并非自身原因,从而免除责任。如果发包人在工程竣工结算后甚至在工程款支付后,再向承包人主张工程逾期违约金,不仅可能会给承包人造成损失,更是对结算过程相关人员工作成果的否定。因此,承包人在施工过程中一定要加强工期管理,尤其要加强开、竣工证据的管理,承包人在提起工程款诉讼时先要设定"诉讼防火墙",以及抗辩发包人反诉承包人工期延误的对策。⑤

填海区域桩基础工程质量控制

刘　江[1]，肖应乐[2]

(1.大连树源科技集团有限公司，辽宁 大连 116000；2.大连阿尔滨集团有限公司，辽宁 大连 116100)

摘　要：填海区域地质条件比较复杂，桩基础工程质量控制相对来说比较困难，桩基础成桩质量的控制对建筑工程主体结构来说就显得格外重要。本文对桩基础施工工艺及质量影响因素及控制措施等方面进行了重点阐述。

关键词：材料选用，施工工艺，质量管控，预控措施

1　工程简介

树源世嘉住宅项目位于大连高新区凌水湾填海区 A 地块。本工程由地下一层(由地下车库、部分设备用房组成)，地上 2 栋 31 层、1 栋 30 层、4 栋 17 层组成，总建筑面积 7 万多平方米。

2　现场施工条件

(1)有利条件：

1)项目地块离周边居住区较远，夜间施工干扰较小；

2)项目地块东侧、南侧及西侧临近市政道路，交通较为便利。

(2)不利条件

1)桩基础施工处于冬季施工阶段，施工工期相对较长；

2)依据地质勘察报告，桩端持力层为中风化石灰岩及中风化泥灰岩，场地岩溶发育，且施工场地地质条件复杂，基础施工质量控制难度较大。

3　灌注桩的设计技术要求

(1)混凝土强度等级：C30；

(2)混凝土保护层厚度：55mm；

(3)设计桩径尺寸：800mm、1000mm、1200mm、1400mm。

4　质量控制依据

(1)大连某设计咨询有限公司提供《树源世嘉住宅项目总平面图》、《树源世嘉住宅项目地下车库基础平面布置图》、《桩基详图及基础详图》等相关施工图及技术说明(包括设计交底、会审记录)；

(2)大连某测绘研究院有限公司提供的《岩土工程勘察报告(桩基勘察)》；

(3)发包人与承包人签订的桩施工承包合同文件；

(4)国家颁布的建设工程相关设计及施工规范，质量验收评定标准；

(5)现行的工程建设施工验收的质量检验评定标准及国家和地方各级政府相关部门颁发的法律、法规和政策等；

(6)现行规范和标准：

1)建筑桩基技术规范(JGJ94-94)

2)建筑地基处理技术规范(JGJ79-91)

3)建筑地基基础施工及验收规程(DBJ15-201-91)

4)地基与基础工程施工及验收规范(GBJ202-83)

5)工程测量规范(GB50026-93)

6)混凝土结构工程施工及验收规程(GB50204-92)

7）钢筋焊接及验收规程（JGJ18-96）

8）普通混凝土配合比设计规程（JGJ/T55-96）

9）建筑工程施工质量验收统一标准（GBJ50300-2001）

10）建筑工程质量检验评定标准（GBJ301-88）

11）建筑工程安全检查标准（JGJ59-99）

12）建筑工程施工现场供电安全规范（GB50194-93）

13）建筑机械使用安全技术规程（JGJ33-86）

14）施工现场临时用电安全技术规范（JGJ40-88）

5 施工进度管控

（1）工期控制要求：桩基础施工40~60天。

（2）工程部按照分包单位的作业计划进行现场监控，若出现与计划进度偏离现象，及时分析和预测可能影响进度的因素，制定改进措施；

（3）工程部每天安排人员24小时跟踪机械桩施工，加强现场施工进度组织与协调工作。

6 施工质量管控

6.1 质量控制要求

6.1.1 主控项目

（1）灌注桩使用的原材料必须符合设计要求和施工规范的规定；

（2）成孔深度必须符合设计要求，沉渣厚度严禁大于50mm；

（3）浇筑后的桩顶标高及浮浆的处理必须符合设计要求和施工规范的规定；

（4）钢筋的规格、间距和数量必须符合设计要求；

（5）砼强度必须符合设计要求；

（6）桩端伸入持力岩层和深度必须符合设计要求；

（7）桩端持力岩层的性质和持力岩层的厚度必须符合设计要求。

表 1

序 号	项 目	允许偏差
1	主筋间距	±10mm
2	钢箍间距或螺旋钢筋螺距	±20mm
3	钢筋笼直径	±10mm
4	钢筋笼长度	±10mm

6.1.2 一般项目

（1）桩径允许偏差为小于50mm（桩径允许偏差的负值是指个别断面）；

（2）桩顶标高允许偏差±10mm；

（3）钢筋笼制作允许偏差见表1。

（4）钢筋笼主筋保护层允许偏差±10mm；

（5）桩身垂直度允许偏差不大于1%；

（6）泥浆护壁冲孔灌注桩桩位允许偏移见表2。

6.1.3 单桩验收应符合下列要求

（1）桩基实体质量经抽样静载及低应变检测合格；

（2）具有完整的质量保证资料和质量检查记录。

6.2 工程质量管控措施

6.2.1 施工准备阶段

（1）工程部在施工现场设立办公室，在施工过程中按照合同规定和规范的要求督促监理单位和施工单位认真履行合同，实现质量控制目标；

（2）工程部要为监理部开展工作创造有利条件，充分发挥监理的作用，并对现场监理的工作能力和监理效果的进行有效监控；

（3）督促监理部审查总包单位提交的桩基础分包工程施工单位的《施工组织设计》、《专项施工方案》及《冬季施工方案》的完整性及可操作性，合格后监督实施；

（4）在分包工程施工前，监督监理部审核施工单位的技术交底情况，审查组织管理体系，特别是质量保证体系是否健全；

（5）审查分包单位技术员、质检员的人员配备情

表 2

序号	桩径(mm)	单桩、条形桩基沿垂直轴线方向和群桩基础中的边桩	条形桩基沿轴线方向和群桩基础中间桩
1	D≤1000	D/6且不大于100mm	D/4且不大于150mm
2	D>1000	100mm+0.01H	150mm+0.01H

注：H为施工现场地面标高与桩顶设计标高的距离。

况及技术力量情况，对不满足要求的人员及时提出更换要求；

（6）检查各项准备工作，包括测量及检测设备的校正及配备情况，对不满足精度要求的设备必须及时校对合格；

（7）原材料的质量控制。

1）钢筋

钢筋进场后不准卸车，分包单位应通知监理及甲方专业工程师及档案员检查本批次钢筋的产品生产许可证(盖单位公章)、合格证原件、大连市建委颁发的产品备案证，承包人将合格的三证作为附件并报验。监理工程师及工程部档案员共同对分包单位进场钢筋按规定进行见证取样及送样，钢筋送样复试合格后方可使用。

2）混凝土

分包单位应申报进场混凝土的配合比和材料的检验报告及复验单性能必须符合技术要求；混凝土进场前应检查水泥的"三证"及抽检试验报告，同时提供混凝土用砂、石的抽检资料，在达到相应时间点时，还须提供混凝土强度抽检试验报告、坍落度测试、凝结时间试验等检验资料。

6.2.2 施工实施阶段

（1）护筒中心与桩位中心的偏差不大于50mm。分包人护筒位置自检合格后，通知监理工程师和工程部专业工程师共同检查符合要求后，方可进行下道工序。

（2）每回次进尺控制在60cm左右，施工过程中，工程部专业工程师随时巡察成孔垂直度，发现偏差及时纠正。同时要保证孔内泥浆质量和水头高度，以防止塌孔。

（3）当钻机钻至中风化石灰岩面后报至现场工程部专业工程师，由工程部专业工程师通知驻地地质单位技术人员到现场察看岩样，并将初入岩岩样进行保存，测量初入岩孔深，并根据桩基勘察报告对该孔的入岩情况进行判定，以确定终孔深度。

（4）当钻至设计标高后，经驻地地质单位技术人员确认孔底岩面达到设计及规范要求后方可进行终孔。如若地质条件与桩基勘察报告不相符的情况下，由地质单位出具解决方案，必要时可对该孔位重新进行桩基勘察，确保在桩底5.0m范围内无空洞，破碎带，软弱夹层等不良地质条件，方可终孔进行下一步施工。

（5）在终孔后进行第一次清孔，保证清孔后测锤能下至孔底，孔内泥浆比重控制在1.50左右。当钢筋笼制作即将完毕后，进行第二次清孔，保证孔内泥浆性能指标符合要求：粘度小于28s，比重小于1.25kg/L，孔底沉渣≤50mm。沉渣厚度采用重锤法进行测定，若超过规范要求时，再进行第三次清孔，直至符合要求为止。桩底沉渣满足要求后，经现场监理工程师、工程部专业工程师及分包单位对成孔深度共同测量，并在桩基施工记录上签认后，方可灌注混凝土。

（6）钢筋笼的制作须符合设计要求和质量标准，特别注意桩顶加密部分，不合格的钢筋笼不得进入吊装，现场监理工程师与工程部专业工程师100%检查。

（7）钢筋笼吊装

检查接头长度、错开距离是否符合要求；检查钢筋笼长度，送筋长度，特别注意伸入承台的锚固长度；检查钢筋笼的主筋保护层的措施及厚度是否符合要求；钢筋笼吊装时监理单位要旁站监理，经监理工程师批准后方可进入下道工序——插入导管。

（8）混凝土浇筑

1）第二次清孔后30min内必须灌注混凝土；必须检查确定混凝土的初凝时间，每根桩必须在混凝土初凝前浇灌完毕，最好是在1/2初凝时间内浇灌完毕。

2）混凝土到达现场后监理单位对混凝土进行现场坍落度实验，符合要求后方可进行混凝土浇筑，同时要求每根桩留置一组混凝土试块。

3）混凝土的初灌量分包单位必须计算确定，在灌注混凝土的过程中，应注意拔管速度，导管埋入桩内新浇筑混凝土中的深度保持2~6m，分包单位应派专人测量导管内外混凝土面的高度，做好施工记录。

4）每根桩灌注到桩顶标高后应超高800mm，承包人应控制混凝土浇筑的标高，混凝土灌注完毕应记录其浇灌量。

5）冬季施工期间，要对检测桩的桩顶标高处进行保温处理。

6.2.3 验收阶段

（1）桩头处理完成后，由工程部、监理部、桩基础分包单位及主体施工单位共同对桩的轴线线、桩顶标高、桩体钢筋的调直处理、锚固长度及桩头砼处理进行100%复核，符合设计及规范要求后，由分包单位以书面形式，经工程部、监理部、桩基础分包单位及主体施工单位共同签认后，桩基础分包单位方可将桩基础工程移交给主体施工单位。

（2）由工程部档案员监督桩基施工单位向总包单位办理桩基档案资料的移交手续。

7 工程施工重点及关键工艺预控措施

7.1 定位放线超差

（1）对需要定位、放线放样等工序时，施工单位必须由专业测量师进行测量放样。

（2）施工现场的用于坐标及高程控制点应有醒目标志，并加以保护，不得损坏或移动。

（3）为了保证平面测量的精度，每天早上放样测量前，对现场坐标基准点进行复测，确保测量成果准确无误，开始执行工程放样测量任务。工程部和监理部工程师工程放样测量全过程控制。

（4）如已有控制点不能满足放样精度要求时，应重新布设控制点，并应根据现有的控制点进行加密，提高放样精度。

7.2 机械桩缩径

控制孔内泥浆比重，确保泥浆能保持孔壁平衡。护壁用的泥浆应满足护壁要求，液面需高于地下水位0.5m以上。当在黏土或亚黏土中成孔时，可注入清水以原土造浆护壁，控制排碴泥浆的相对密度在1.1~1.2之间；当在砂性土质或较厚的夹砂层中成孔时，应控制泥浆的相对密度在1.1~1.3之间；在砂夹卵石或容易坍孔的土层中成孔时，应控制泥浆的相对密度在1.3~1.5之间。

7.3 机械桩断桩

（1）导管要有足够的抗拉强度，能承受其自重和盛满混凝土的重量；内径应一致，其误差应小于±2mm，内壁须光滑无阻，导管最下端一节导管长度要长一些，一般为4m，其底端不得带法兰盘。

（2）导管在浇灌前要进行试拼，并做好水密性试验。

（3）严格控制导管埋深与拔管速度，导管不宜入混凝土过深，也不可过浅，导管埋深一般控制在2~6m，并随时测量混凝土浇灌深度，严防导管拔空，造成泥浆进入桩体，造成断桩。

（4）经常检测混凝土和易性，现场等待的混凝土运输车间歇时间不能过长，确保浇筑混凝土不产生离析现象。临桩施工间距不宜小于4倍桩颈或保证混凝土硬化时间大于36小时。

（5）若因坍孔、导管无法拔出等造成断桩而无法处理时，可由设计单位结合质量事故报告提出补桩方案，在原桩两侧进行补桩。

7.4 钢筋笼上浮

（1）钢筋骨架上端在孔口处与护筒相接固定。

（2）灌注中，当混凝土表面接近钢筋笼底时，应放慢混凝土灌注速度，并应使导管保持较大埋深，使导管底口与钢筋笼底端间保持较大距离，以便减小对钢筋笼的冲击。

（3）混凝土液面进入钢筋笼一定深度后，应适当提导管，使钢筋笼在导管下口有一定埋深。但注意导管埋入混凝土表面应不小于2m，不大于6m。如果钢筋笼因为导管埋深过大而上浮时，现场操作人员应及时补救，补救的办法是马上起拔并拆除部分导管；导管拆除一部分后，可适当上下活动导管；每上提一次导管，钢筋笼在导管的抽吸作用下，会自然回落一点；坚持多上下活动几次导管，直到上浮的钢筋笼全部回落为止。

7.5 桩孔坍孔

（1）灌注混凝土过程中，要采取各种措施来稳定孔内水位，还要防止护筒及孔壁漏水。

（2）如塌孔不停或坍孔部位较深，宜将导管、钢筋笼拔出,回填黏土,重新钻孔。

7.6 孔位倾斜

(1)扩大桩机支承面积,使桩机稳固,并保证钻机平台水平。

(2)经常校核钻架及钻杆的垂直度。

(3)冲击中遇探头石,埋石,大小不均,钻头受力不均时,应回填碎石填平,或将钻机稍移向探头石一侧,击碎后再成孔。

7.7 溶洞成孔问题

(1)当溶洞有填充物,是可塑或软塑的亚黏土,且溶洞不漏水,这时不管溶洞有多大也不管溶洞垂直方向数量有多少,都可以不考虑溶洞的存在,而按正常地质情况施工。采用冲击钻成孔,洞内的土质和溶洞外的土质没有什么区别,可以按无溶洞施工。

(2)当钻穿溶洞漏浆时,反复投入黄土和片石,利用钻头冲击将黄土和片石挤入溶洞和岩溶裂隙中,还可掺入水泥,以增大孔壁的自稳能力。

(3)如溶洞过大,可以灌注混凝土,将溶洞填充满,待强度上来后重新钻孔。

(4)采用钢护筒与成孔跟进,形成桩孔。

8 结束语

加强桩基础施工过程的管控,在施工过程中不断地总结,不改进施工工艺,使机械成孔灌注桩技术得到更好的运用,更好地发挥其作用,以达到更好的质量效果。⑱

分析:防火门行业所面临的主要问题

近来国内一些火灾,尤其是人员密集场所火灾之所以造成群死群伤事故,其主要原因是疏散通道或安全出口防火门不符合规定要求引起的。

目前国内有千余家企业生产销售防火门,市面上销售的防火门种类繁多,但质量真正过硬的产品却屈指可数。各家防火门产品的价格参差不齐,有些甚至相差了数倍以上。以次充好、粗制滥造的伪劣产品在市场上依然随处可见。

很多厂家生产的防火门钢板厚度仅为标准的一半,填充材料耐火性差、厚度不够、防火板质劣。部分企业为了获取相关产品的市场准入证明,甚至花高价购买样品送检,证书到手后,自身产品质量仍不合格。

公安部消防局有关负责人曾对媒体表示,近年来中国公共消防设施建设和消防安全产品需求急剧增多,消防产业呈现前所未有的发展势头,目前全行业已经拥有1万多家生产和服务型企业,生产近千个品种的消防产品。但我国消防产品市场秩序还较乱,大量劣质消防产品流入建筑工程和消防系统,导致消防设施形同虚设,造成大量火灾隐患,严重危及公共安全。

新标准对防火门的种类、分类、制作材料及相关概念和要求等方面都进行了重新修订,对产品质量鉴定和检验的要求更加严格,是对防火门企业进行一次彻底洗牌。能否顺利通过新标准的鉴定换得新证,这成为防火门生产企业面临的巨大挑战,拥有这张新的入场券,是各家企业能够继续销售的首要前提。

专家说,防火门是在各种建筑中起到关键作用的防火隔离设备。火灾发生时防火门是否切实发挥作用,和火灾造成损失的大小密切相关。据权威数据统计分析,在人员密集场所火灾中死亡的人数中,82%是由于吸入室内装饰材料燃烧释放的有毒烟气中毒窒息而亡。火灾事故致命的罪魁祸首往往不是火,而是烟雾。因为早在火势大幅蔓延前,很多人就已因为吸入过量有毒烟雾而昏迷,葬身火场。

关于工程项目质量管理的几个问题

杨俊杰

(北京厚德人力资源开发有限公司，北京 100010)

工程项目一般都是工程规模大、牵涉面广的社会系统工程，其本身质量的优劣直接影响到国家经济建设的发展、公共安全和广大人民群众的根本利益，所以应坚持依法建设，通过严格的法律法规、制度与规定，促使企业提升内部管理水平，严格工程质量意识，加强施工质量管理力度，促进工程建设行业的健康发展。

百年大计，质量第一，要对建筑工程项目进行质量控制，我们应了解作为工程项目，其工程项目质量的特点，影响工程项目质量的因素，工程项目质量控制的原则，工程项目质量的管理体系以及业主单位在质量管理中应起到的作用等一些相关问

题。而其中最重要的，就是要树立质量管理的总思路，如图1所示。

质量管理的总思路是把口头禅"质量是企业的生命线，质量重于泰山！"落实到严格实施。企业所有成员必须牢固树立质量观念，为业主、业主、再业主的观念，必须下大力气吸纳国内外先进的质量管理理论和经验，大幅度提高产品质量和服务质量，树立起"质量一流"的良好形象及影响力，把企业本身的"质量环"建设好、维护好。质量环概念是欧美日的集团公司所具有的一项全面管控施工质量的重大的行之有效的理论方法。它原则上可从总部至下属二级公司规定工程质量的责权利的范围，强化了对施工质量管控效应。除一丝不苟严格执行建设部颁布的《建设工程施工质量检验标准》外，国际组织 ISO 及欧、美、日等发达国家都有一套同行的质量标准，很值得参照借鉴。尤其是关于质量环的概念和功能以及美国朱兰质量手册中相关工程质量流程和日本的工程项目质量理论、控制手段、工具、方式方法等极具参考价值、实用价值、甚至于操作价值。

一、工程项目质量管理的基础认识

百年大计，质量第一，要进行工程项目质量控制，我们应了解工程项目质量的特点，影响工程项目质量的因素，工程项目质量控制的原则以及工程项目质量的管理体系。

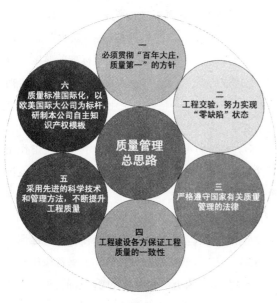

图1

图中文字：

一 必须贯彻"百年大庄，质量第一"的方针

二 工程交验，努力实现"零缺陷"状态

三 严格遵守国家有关质量管理的法律

四 工程建设各方保证工程质量的一致性

五 采用先进的科学技术和管理方法，不断提升工程质量

六 质量标准国际化，以欧美国际大公司为标杆，研制本公司自主知识产权模板

质量管理总思路

(一)工程质量的特点

工程项目质量的特点是由工程本身的特性和建设生产过程的特点决定的。概括起来有以下几点：1.影响因素多；2.质量波动大；3.质量变异大(工程项目的生产强调协调性、连续性以及总体性)；4.质量隐蔽性；5.意义重大(经济意义、社会意义、政治意义)。

(二)影响工程质量的因素

影响工程质量的因素很多，归纳起来主要有5方面：人、材料、机械、方法和环境，英语单词分别为：Man、Material、Machine、Method、Environment，因此，工程界常称之为影响工程质量的4M1E因素。

(三)工程质量控制的原则

工程项目组织为实现质量目标，应遵循以下八项质量管理原则对项目进行管理：

1.以顾客为中心，满足业主的要求。

2.领导作用。领导者将本组织的宗旨、方向和内部环境统一起来，并创造使员工能够充分参与实现组织目标的环境。

3.全员参与。各级人员是组织之本，只有他们的充分参与，才能使他们的才干为组织带来最大的收益。项目组织最重要的资源之一就是全体员工。

4.过程方法。将相关的资源和活动作为过程进行管理，可以更高效地得到期望的结果。

5.管理的系统方法。针对设定的目标，识别、理解并管理一个由相互关联的过程所组成的体系，有助于提高组织的有效性和效率。然后通过建立、实施和控制由过程网络构成的质量管理体系来实现这些方针和目标。

6.持续改进。持续改进是组织的一个永恒目标。

7.基于事实的决策方法(Factual Approach to Decision Making)。对数据和信息的逻辑分析或直觉判断是有效决策的基础。

8.互利的供方关系。通过互利的关系，可以增强组织及其供方创造价值的能力。

(四)工程项目质量管理体系

管理体系(Management System)是建立方针和目标并实现这些目标的体系，包括了质量管理体系、财务管理体系和环境管理体系等。

工程项目质量管理体系(Project Quality Management System)是指建立工程项目质量方针和质量目标并实现这些目标的体系，主要内容为：工程项目质量策划、质量控制和质量保证：

A.工程项目质量策划

工程项目质量策划(Project Quality Planning)是工程项目质量管理的一部分，致力于设定质量目标并规定必要的作业过程和相关资源，以实现其质量目标。其中，质量目标(Quality Objective)是指与质量有关的、所追求的或作为目的的事物，应建立在组织的质量方针基础上。质量计划(Quality Plan)指规定用于某一具体情况的质量管理体系要素和资源的文件，通常引用质量手册的部分内容或程序文件。编制质量计划可以是质量策划的一部分。

B.工程项目质量策划的依据

1.质量方针(Quality Policy)

指由最高管理者正式发布的与质量有关的组织总的意图和方向。它是一个工程项目组织内部的行为准则，是该组织成员的质量意识和质量追求，也体现了顾客的期望和对顾客做出的承诺。

2.范围说明

即以文件的形式规定了主要项目成果和工程项目的目标(即业主对项目的需求)。它是工程项目质量策划所需的一个关键依据。

3.产品描述

一般包括技术问题及可能影响工程项目质量策划的其他问题的细节。无论其形式和内容如何，其详细程度应能保证以后工程项目计划的进行。而且一般初步的产品描述由业主提供。

4.标准和规则(Standard sand Regulations)

指可能对该工程项目产生影响的任何应用领域的专用标准和规则。许多工程项目在项目策划中常考虑通用标准和规则的影响。当这些标准和规则的影响不确定时，有必要在工程项目风险管理中加以考虑。

5.其他过程的结果(Other Process Outputs)

指其他领域所产生的可视为质量策划组成部分的结果，例如采购计划可能对承包商的质量要求做出规定。

C.工程项目质量策划的方法

1.成本/效益分析（Benefit/Cost Considerations）

工程项目满足质量要求的基本效益就是少返工、提高生产率、降低成本、使业主满意。工程项目满足质量要求的基本成本则是开展项目质量管理活动的开支。成本效益分析就是在成本和效益之间进行权衡，使效益大于成本。

2.基准比较（Bench larking）

就是将该工程项目做法同其他工程项目的实际做法进行比较，希望在比较中获得改进。

3.流程图（Flow Charts）

流程图能表明系统各组成部分间的相互关系，有助于项目班子事先估计会发生哪些质量问题，并提出解决问题的措施。

D.工程项目质量策划的结果

1.质量管理计划（Quality Management Plan）

质量管理计划应当说明项目管理班子将如何实施其质量方针，确定实施质量管理的组织结构、责任、程序、过程和资源。

2.实施说明（Operational Definitions）

具体地说明各类问题的实际内容以及应该如何在质量控制过程中加以衡量。

3.核对清单（Checklists）

核对清单是用于检验所要求实施的一系列步骤是否已落实的工具，常用命令和询问之类的词语，一般采用标准化的核对清单，以保证频繁进行的活动的一致性。

（五）工程项目质量控制

工程项目质量控制（Project Quality Control）是工程项目质量管理的一部分，致力于达到质量要求所采取的作业技术和活动。其目的在于监视质量形成过程并排除质量环中所有偏离质量规范的现象，确保质量目标的实现。

A.工程项目质量控制的依据

·工作成果：包括产品和过程本身；

·质量管理计划；

·实施说明；

·核对清单。

B.工程项目质量控制的方法

1.检查（Inspection）

又称评审、产品评审、审计或过关，指为了确定结果是否符合要求所进行的一系列活动，包括测试、考察和保证的实验等。

2.控制图（Control Charts）

为某过程的成果、时间的展示图，用于确定过程中成果的差异是由随机因素造成的还是由可纠正原因造成的，如果过程在控制中则不必对其进行调整。它可以用来监测任何类型的结果变量；它也可以动态地反映质量特性的变化，可以根据数据随时间的变化动态地掌握质量状态，判断其生产过程的稳定性，从而实现对工序质量的动态控制。

3.主次因素图

主次因素图又称巴雷特图（Pareto Diagrams）、排列图，是一种按次序排列引起缺陷的各种原因的条形图。按次序是为了指导纠正行动——项目班子应首先采取行动纠正引起缺陷数目最多的问题。主次因素图的原理与巴雷特法则相关，即绝大多数缺陷一般是由相对少数的几个原因引起的。

C.工程项目质量控制的结果

1.质量改进（Quality Improvement）

指采取措施提高项目的效率，增加项目利害关系者的收益。

2.验收合格的决定（Acceptance Decisions）

验收不合格的工程会被要求返工。

3.返工（Rework）

这是对不合格的工程所采取的措施，以使其满足规定的要求。

4.填好的核对清单（Completed Checklists）

填好的核对清单应当保存下来作为项目记录的一部分。

5.过程调整（Process Adjustments）

作为质量控制检测的一个结果,包括及时的纠正和预防措施。有时,可能要按确定的变更控制程序来进行过程调整。

(六)工程项目质量保证

工程项目质量保证 (Project Quality Assurance)是工程项目质量管理的一部分,致力于对达到质量要求提供信任,可以分为内部质量保证(在组织内部向管理者提供信任)和外部质量保证(在合同或其他情况下向顾客或其他方提供信任)两种,一般由质量保证部门执行。项目组织想要证实其具有满足顾客要求的能力,最根本的是达到质量管理体系的要求。

A.工程项目质量保证的依据

·质量管理计划;

·质量控制管理的测量结果:指用表格对质量控制所做的记录,用于比较和分析;

·实施说明。

B.工程项目质量保证的方法

1.质量策划

质量控制中一旦出现问题,要立即采取措施纠正。在质量管理计划中要确定一旦出现问题可能采取的纠正措施。

2.检验

包括对质量控制结果的测量和测试,从而确定其是否符合要求。

C.工程项目质量保证的结果

工程项目质量持续改进是工程项目质量保证的结果,即不断提高项目组织的有效性和/或效率,从而实现质量方针和质量目标。

二、业主方在工程质量管理中应起到的主要作用

从经济利益的角度看,业主是工程项目的拥有者,是建筑产品的买方,比其他各方更加关心项目的质量、使用价值。从法律责任角度看,业主是工程项目的所有者、最终使用者或受益者,是政府监督的对象。所以工程项目质量对业主意义重大,业主在工程项目建设质量管理过程中起着主导作用。业主对工程项目质量管理包括以下任务:(1)明确工程项目的质量目标(业主的首要任务);(2)对工程项目建设实行全过程的监督控制。具体如下:

(一)可行性研究阶段的质量管理

项目可行性研究是运用技术经济原理对与投资建设有关的技术、经济、社会、环境等方面进行调查和研究,对各种可能的拟建方案和建成投产后的经济效益、社会效益和环境效益等进行技术经济分析、预测和论证,确定项目建设的可行性,同时确定工程项目的质量目标和水平,提出最佳建设方案。这是工程项目质量形成的前提。

(二)设计阶段的质量管理

工程项目设计阶段是将项目决策阶段所确定的质量目标和水平具体化的过程,是工程项目质量的决定性环节。

1.工程项目设计质量

工程项目设计质量就是在严格遵守技术标准、规程的基础上,正确处理和协调费用、资源、技术和环境等条件的制约,使设计项目满足业主所需功能和使用价值。

2.设计单位和人员的选择

设计单位和人员的选择合适与否对工程项目的设计质量有根本性的影响。国际上大多数国家通过对建筑师的从业资格做出规定,来帮助业主选择合适的建筑设计人员。

3.设计阶段的质量管理

国外统计资料表明,在设计阶段影响工程费用的程度为88%;我国由设计而引起的工程事故约占总数的40.1%。设计进度、设计事故和设计不合理还会影响工程的进度和费用。因此在现阶段必须加强工程项目设计阶段的质量管理。

4.工程项目设计阶段质量管理的目标

(1)选择合适的设计单位和人员。

(2)保证设计方案符合业主要求,注意协调业主所需功能与约束因素间的矛盾,并用一定的质量目标和水平检验设计成果。

5.工程项目设计阶段质量控制和评定的依据

(1)有关工程项目建设及质量管理方面的法律和法规。例如有关城市规划、建设用地、市政管理、环境保护、"三废"治理和建筑工程质量监督等法律和法规。

(2)有关工程建设的技术标准。例如各种设计规范、规程、标准和设计参数的定额指标等。

(3)项目可行性研究报告、项目评估报告及选址报告。

(4)体现业主建设意图的设计规划大纲、设计纲要和设计合同等。

(5)反映项目建设过程中和建成后所需的有关技术、资源、经济和社会协作等方面的协议、数据和资料。

6.工程项目设计阶段的协调工作

(1)质量目标与费用目标的协调

设计阶段的费用目标是设计方案保证在满足业主所需功能和使用价值的前提下，工程项目所需投资最小，即投资合理化。设计阶段的质量目标是设计方案保证在一定投资限额下，工程项目能达到业主所需的最佳功能和质量水平。不能脱离投资的制约，盲目追求功能多而全、质量标准越高越好。

(2)质量目标与进度目标的协调

设计阶段的进度目标是设计方案保证在一定投资限额下，在一定的质量水平条件下，工程项目的建设完成能达到最短的期限。

(三)施工阶段的质量管理

工程项目施工阶段是根据设计文件和图纸的要求，通过施工形成工程实体。该阶段直接影响工程的最终质量，是工程项目质量的关键环节。

1.工程项目质量监督管理人员的选择

为业主提供工程项目质量监督管理工作的人员，在我国被称为监理工程师；在英国等国则被称为咨询工程师。在有些国家建筑师也可以从事工程项目质量监督管理工作。

2.工程质量监督管理人员选择的方法和程序

为了选定符合要求的咨询工程师，业主应采用适当的方法和程序。在美国最常用的一种方法为资质评审法。

资质评审法实质就是把资质因素作为选定咨询工程师的首要原则。它分为三个步骤进行：第一阶段为选择，这一阶段的任务是根据初步的工作范围及具体的项目评审原则确定由三至五家公司或个人组成的短名单。第二阶段为确定，邀请第一阶段排名第一的公司进入第二阶段。这一阶段的目的是理解业主的需要和期望，共同确定工程范围、所需要的服务及合同形式。第三阶段为定价，在选定了最具资质的公司并确定了详细的工作范围之后，应开始定价谈判。

3.施工质量管理

A.施工阶段质量管理过程划分

(1) 按施工阶段工程实体形成过程中物质形态的转化划分。

可分为对投入的物质、资源质量的管理；

(2)按工程项目施工层次结构划分

工程项目施工质量管理过程为：工序质量管理、分项工程质量管理、分部工程质量管理、单位工程质量管理、单项工程质量管理。

(3)按工程实体质量形成过程的时间阶段划分

工程项目施工质量过程控制分为事前控制、事中控制和事后控制。

因此施工阶段的质量管理可以理解成对所投入的资源和条件、对生产过程各环节、对所完成的工程产品，进行全过程质量检查与控制的一个系统过程。

B.施工前准备阶段的质量管理

承包商在施工前准备阶段必须做好的准备工作，包括技术准备、物质准备、组织准备与施工现场准备。

业主委托监理工程师在此阶段的质量管理工作主要包括以下两方面：

(1)对承包商做的施工准备工作的质量进行全面检查与控制。这包括通过资质审查，对施工队伍及人员的质量控制；从采购、加工制造、运输、装卸、进场、存放和使用等方面，对工程所需原材料、半成品、构配件和永久性设备、器材等进行全过程、全面的管理;对施工方法、方案和工艺进行管理,包括对施工组织设计(或施工计划)、施工质量保证措施和施工方案等进行审查;根据施工组织设计(或施工计划)对施工用机械、设备进行审查;审查与控制承包商对施工环境与条件方面的准备工作质量;对测量基准点和参考标高的确认及工程测量放线的质量控制。

(2)做好监控准备工作、设计交底和图纸会审、设计图纸的变更及其控制;做好施工现场场地及通道条件的保证;严把开工关等事前质量保证工作。

C.施工过程中的质量管理

业主委托监理工程师在此阶段主要执行以下质量管理工作:

(1)对自检系统与工序的质量控制,对施工承包商的质量控制工作的监控。

(2)在施工过程中对承包商各项工程活动进行质量跟踪监控,严格工序间交接检查,建立施工质量跟踪档案等。

(3)审查并组织有关各方对工程变更或图纸修改进行研究。

(4)对工序产品的检查和验收,以及对重要工程部位和工序专业工程等进行试验、技术复核等。

(5)处理已发生的质量问题或质量事故。

(6)下达停工指令、控制施工质量等。

D.施工过程所形成的产品质量管理

业主委托监理工程师组织对分部、分项工程的验收;组织联动试车或设备的试运转;组织单位工程或整个工程项目的竣工验收等工作。

(四)验收阶段的质量管理

工程质量竣工验收阶段就是对项目施工阶段的质量进行试车运转和检查评定,以考核质量目标是否符合设计阶段的质量要求。此阶段是工程项目建设向生产转移的必要环节,影响工程项目能否最终形成生产能力,体现了工程项目质量水平的最终结果。

1.竣工验收主要任务

首先,业主、设计单位和承包商(以及主要分包

商)要分别对工程项目的决策和论证、勘察和设计以及施工的全过程进行最后评价,对工程项目管理全过程进行系统的检验。

其次,业主应与承包商办理工程的验收和交接手续,办理竣工结算,办理工程档案资料的移交,办理工程保修手续等,主要是处理工程项目的结束、移交和善后清理工作。

2.竣工维修阶段的质量保证

为了保证工程建设质量,许多西方国家在竣工维修阶段采用保险制度,即将工程质量责任的承担扩展到保险公司,进一步降低业主的风险。因此竣工维修阶段的质量保证除了确定承包商的质量责任外,还需要对工程进行保险。

三、提高工程项目质量的思考

1.科学和严谨的管理在工程项目质量控制中具有举足轻重的作用,所以工程项目建设过程中应建立严格的质量控制体系和质量责任制,明确参建各方的责任,从设计、招投标、施工、监理过程中提前采取措施。建设过程的各个环节都要严格遵照质量控制体系的要求去执行,各分部、分项工程均要全面实施到位管理。尤其是业主方,更要在质量控制的过程中发挥自身所具有的决策权威性,真正体现出主导作用。

2.在实施全过程管理中,首先要根据工程的特点及质量通病,确定质量目标和攻关内容,做到有的放矢;再结合质量目标和攻关内容编写施工组织设计,制定具体的质量保证计划和攻关措施,明确实施内容、方法和效果;在实施质量计划和攻关措施中要加强质量检查,其结果要定量分析、得出结论;对取得的经验要加以总结,并转化为今后保证质量的标准和制度,形成新的质保措施,对暴露出的问题,则要作为以后质量管理的预控目标。

3.通过对质量控制体系的培训与讲座,达到让全员树立精品意识的层次,沿着质量第一与质量改进的途径不断努力采取可行的措施,最终达到工程项目质量控制的总目标。

建筑企业区域文化建设浅析

陈 浩

（中建三局北方分局，北京 100089）

区域化是总公司提出的"五化"战略之一。区域化战略是总公司不断提高核心竞争力的重大战略举措之一。区域化是指集团在全球范围和全业务范畴，合理布局和配置资源，并针对不同的区域市场分别制定合理的经营策略，以实现集团整体利润最大化和集团特定战略目标的实施。中建三局为推进区域化发展战略的实施，于2009年成立北方分局，对区域管理进行探索。经过两年的努力，北方分局在区域文化建设方面进行了大量卓有成效的探索工作。本文中将结合实践就区域文化建设工作进行探讨

区域文化，一般指区域内长期形成的共同理想、基本价值观、作风、生活习惯和行为规范，是区域企业在经营管理过程中创造的具有本企业特色的精神财富的总和，对区域成员有感召力和凝聚力，能把众多人的兴趣、目的、需要以及由此产生的行为统一起来，是区域长期文化建设的反映，包含价值观、最高目标、行为准则、管理制度、道德风尚等内容。它以全体员工为对象，通过宣传、教育、培训和文化娱乐、交心联谊等方式，最大限度地统一员工意志，规范员工行为，凝聚员工力量，为区域总目标服务。

随着我国经济的迅猛发展，企业之间的竞争愈演愈烈，而今这种竞争已经延伸到社会的各个层面。如何在竞争中赢得主动，并最终实现发展大计，企业文化的决定作用日益明显——在一定程度上，文化建设是企业发展的源动力。对于一个区域性的大型国有建筑企业而言，文化建设的触角要辐射到整个区域范围之内。某种程度上来说，区域文化建设是企业做大做强、蓬勃发展的必由之路和力量之源。

所谓区域文化建设，就是从价值观念、能力水平、道德品质、精神状态、思维方式等方面塑造主体形象，提高劳动者整体素质，推进区域经济发展进程。高层次的、含有多元文化的环境建设能够提高区域的品味和亲和力，深厚的文化底蕴能够增强区域的吸引力和发展潜力。区域文化与经济的融合，可以提升区域的综合竞争力和发展后劲。通过加强区域文化建设，创造良好的区域文化环境，提高区域经济文化含量，提升生产力水平和消费力水平，促进区域经济的发展。

党的十六大报告指出，在当今中国，发展先进文化，就是发展面向现代化，面向世界，面向未来的，民族的科学的大众的社会主义文化，以不断丰富人们的精神世界，增强人们的精神力量。时值中国共产党建党90周年，中建三局北方分局响应党的号召，在"十二五"开局之年，进一步走好区域文化建设之路。

一、区域文化的作用

作为一家大型央企，中建三局的分支机构遍及各地。作为三局在北方的"代言人"，北方分局行中建三局"北门之管"，旗下子公司机构众多。建设区域文化，打造一条先进文化发展之途不仅势在必行，而且迫在眉睫。某种程度而言，区域文化建设对于分局发展具有不可替代的作用。

一是凝聚作用。当一种区域文化被认同之后，它就会成为一种粘合剂，从各方面把其成员团结起来，形成巨大的向心力和凝聚力，使区域部门工作的积极性和整体优势得以充分发挥。分局各个区域能够有机凝聚在一起，与其一体化区域文化建设是密不可分的。

二是导向作用。区域文化能够潜移默化地将片区子公司成员的事业心和责任感转化成具体的奋斗目标、人生信条和行为准则，为其指明发展方向。三局打造的"中建顶尖 业内领先 客户首选"的企业愿景，对区域成员的努力方向提出了明确的要求。

三是激励作用。区域文化建设可以在区域成员

中形成共同的价值观,在区域单位形成尊重人、信任人、理解人、关心人的和谐氛围,达到鼓励成员多干事、督促成员干成事的目的。三局致力于打造的"敢为天下先 永远争第一"的精神,对于区域成员具有很好的激励作用。

四是提质作用。区域文化建设重在培育弘扬区域范围内的企业精神,重在建立健全与之相应的体制机制,打造学习型、创新型、服务型、廉洁型、高效型企业,确保企业成员和部门整体素养、文明形象、领导能力和服务水平的不断提高。局提出的"首善文化"概念,便是这方面的集中体现。

二、区域文化的原则

具体而言,北方分局区域文化建设遵循以下原则:

一是与时俱进的原则。文化既具有稳定性,又具有流变性、创新性。区域文化建设是一种新型管理机制,需要不断探索和实践。在区域文化的建设过程中,中建三局北方分局始终秉承与时俱进的原则,不断创新,不断开拓,紧承时代脉搏,时刻与宏观社会发展保持高度一致。

二是以人为本的原则。人不仅是区域文化建设的主体,也是客体,区域文化建设的最终旨归就是为了全面提高片区公司成员的素质。分局在制定文化方略时向来注重人本为先,例如提出"首善文化"概念,宣扬"首"和"善"的精神,即永争第一和与人为善的信念,集中体现了公司成员价值观和行为准则,是对成员共同意志的提炼与升华。

三是常抓不懈的原则。区域文化建设非一朝一夕之功,需要日积月累的积淀,是一个潜移默化的过程,要靠领导和工作人员长期兢兢业业去追求,要靠不断健全体制机制来培养。近年来,分局领导高度重视区域文化建设,加强建设力度,保证了片区文化建设的稳步发展。

三、区域文化建设的具体实践

经过对区域文化建设的积极探索,北方分局在路径选择方面,也有了自己的尝试,走出了一条特色的文化建设之路:

一是着力弘扬企业核心价值观。价值观是文

化的灵魂,体现在体制机制中,落实在成员的言行上。三局打造的企业精神和企业愿景,是区域文化建设的有力支撑,有助于弘扬企业核心价值观,构建区域统一一致的核心价值体系。

二是切实加强学习型企业建设。学习、创新、发展是区域文化建设的本质所在。学习是基础,也是动力。为此,分局牢抓团队学习、激励个人学习,健全自主学习制度,号召员工深入学习理论、业务和项目施工、项目管理等专业化知识,举办"争先三局 新的跨越"知识竞赛,推动片区公司成员争当学以致用、创新争优的模范。

三是是广泛开展和谐企业建设。和谐的企业文化是公司成员团结进步的重要精神支撑。十七大报告提出"建设和谐文化,培育文明风尚。和谐文化是全体人民团结进步的重要精神支撑。"建设和谐企业区域文化是深入学习贯彻十七大精神和促进企业可持续发展的一项长期而又艰巨的繁重任务。分局历来注重和谐企业文化建设,如组织开展建党九十周年文艺汇演,举办演讲赛和红歌会,以增强企业的凝聚力和向心力。

在推进区域文化建设方面,分局经过不断探索,紧密联系理论与实际,形成了一系列适合自身情况的发展模式:

1.重视区域战略文化。企业要实现可持续发展,必须有一个长远的发展目标和发展规划。发展战略只有得到区域全体员工的认同,才能发挥出应有的导向作用,才能成为全体员工的行动纲领。在企业区域文化建设中,分局充分利用网络等载体,通过"即时通"等网络平台,加强企业区域发展战略的宣传和落实。通过积极开展企业区域战略文化建设,进一步理清工作思路,明确分局的发展方向,激发员工的工作热情。

2.建设区域人本文化。人才是企业发展的宝贵资源。通过在企业区域内部营造尊重人、塑造人的文化氛围,增强员工的归属感,激发员工的积极性和创造性。分局开展知识竞赛和演讲比赛,努力营造良好的学习氛围,搭建人才成长的平台,增强员工的主人翁意识,坚定他们与企业同呼吸、共成长的信念。通过对员工进行目标教育,使他们把个人目标同企业

发展目标紧密结合在一起，自觉参与到企业的各项工作中。

3.规范区域制度文化。区域文化与区域制度之间是相互支撑、相互辅助的关系，制度文化是区域文化的重要组成部分。在区域制度文化建设中，三局突出创新、严于落实，建立科学的区域决策机制和人力资源开发机制，制定完善的区域企业运行规则和经营管理制度，构建精干高效的组织架构，使各项工作紧密衔接，保证片区企业目标顺利实现；建立开放的沟通制度，及时了解员工的思想动态，强化监督，规范管理行为，有利于营造和谐的文化氛围，促进企业管理水平的提高。

4.打造区域团队文化。企业区域发展目标的实现，离不开员工之间的相互协作。企业区域文化建设的重要任务，就是在企业区域内外营造有利于企业发展的良好氛围，使领导与领导、领导与员工、员工与员工之间精诚合作，促进企业目标顺利实现。分局恰当处理企业内外各方面的关系，做好协调工作，外接高端资源，内合区域优势，尽可能地减少摩擦和矛盾，争取方方面面的理解和支持。

5.增强区域创新意识。创新可以为区域文化注入活力，提升区域文化建设水平。区域文化创新的关键是对企业旧的经营哲学、管理理念等进行创新，让区域文化建设迈上一个新台阶，创造可以容忍不同思维的环境。作为市场竞争主体，分局不断提高与现代市场经济相适应的能力，区域文化建设与市场经济的要求保持高度一致，以确保企业持续健康发展。多年来，分局充分整合多种资源，采取多种途径，从多个层次，着力塑造不一样的企业形象，打造多样化区域文化。

(1)争先学习，树立精干高效的队伍形象，打造精神文化。企业文化实质不仅在于继承和创新，也在于学习，建设区域文化必须以学习为基础，通过组织学习相关专业知识凝聚人心，规范行动，树立共同理想，形成良好行为习惯。为塑造企业形象，分局号召建立学习型组织，紧抓科学文化知识和专业技能培训，培养卓越的项目负责人，带动区域文化建设。

(2)内外并举，塑造品质超群的产品形象，打造物质文化。区域文化建设应与塑造区域内企业形象

相统一，作为建筑企业，务必具备独特的技术特色和产品特色。长期以来，分局始终严格要求生产质量，创先争优，推行品牌战略，使企业的产品、质量在社会上叫得响、打得硬、占先机，展企业精华。由于品牌营销得力，中粮集团、嘉里集团、新世界集团、天津高银、天津海泰、世茂集团、中海地产等一大批实力强、诚实守信的大业主先后与分局建立了战略合作关系，目前国内知名地产企业富力地产也抛来橄榄枝，与分局达成战略合作协议。

(3)目标激励，塑造严明和谐的管理形象，打造制度文化。区域管理和文化之间的联系是分局发展的生命线，战略、结构、制度是硬性管理；技能、人员、作风、目标是软性管理。强化管理，要坚持把人放在企业中心地位，在管理中尊重人、爱护人，确立员工主人翁地位，使之积极参与企业管理，尽其责任和义务；强化管理，要搞好与现代企业制度、管理创新、市场开拓、实现优质服务等的有机结合。还要修订并完善职业道德准则，强化纪律约束机制，使企业各项规章制度成为干部职工的自觉行为。提倡团队精神，成员之间保持良好的人际关系，增强团队凝聚力，有效发挥团队作用。

(4)寓教于文，塑造忠诚博雅的人文形象，打造行为文化。分局认真营造适合区域文化发育的环境因素，整合有形的和无形的各种有利因素，使之成为企业区域文化建设的动力源泉。如积极开展各种类别的联谊会，举办区域性的年会，创办区域性企业内刊《北立方》，在提高区域向心力的同时，努力塑造符合企业定位的人文形象。

"雄关漫道真如铁，而今迈步从头越"。我们深知，于分局人而言，区域文化建设尚有漫漫长途等着我们去走。我们要高举中国特色社会主义伟大旗帜，以邓小平理论和"三个代表"重要思想为指导，深入贯彻落实科学发展观，以社会主义核心价值体系引领区域文化建设，以培育弘扬三局核心价值观、创新体制机制、提高服务效能为重点，用"先进的理论武装人，科学的机制激励人，严格的纪律约束人，良好的环境熏陶人"，不断提高机关成员思想觉悟和业务能力，打造学习三局、创新三局、服务三局、效能三局、廉洁三局，为实现科学发展提供强有力的保障。

提升战略能力的几点思考

王佐

一、战略能力及其内涵

1.战略能力是一个民族总体文化水准的重要标志、它是一个国家文化创新与开拓能力的核心内涵

(1)文化是人们行为方式的总和,文化创新与开拓能力是一种在固有传统的基础上通过主观能动的作用寻求有效变化并得到大规模拓展的能力。战略能力是一种强有力的文化创新与开拓能力。战略能力的强弱是一个国家总体自立、自强与创新水平的外在标志。文化创新能力的终极目标是人类的可持续发展。而发展须有赖于目标的确立及达成目标路径的正确选择。这种有效的选择能力即战略能力。国家战略能力是一个民族创新与开拓能力集中体现。

(2)国家战略能力是一个民族创新能力集中体现,它是以国家竞争力为核心的强大的开拓创新能力,它包括强大的文化聚合力、经济、技术及国防上强大的竞争力、高效的人才和资源配置能力、并具备一支对国家民族具有强烈使命感和责任心、对人类前途和国家命运具有深刻洞察力和远见卓识的精英团队。一个国家或民族只有具备了强大的战略能力才能释放出伟大的文化创新潜能。它不仅可以保证国家和民族的可持续发展;同时使她得以在世界民族之林的激烈竞争中立于不败之地。

(3)战略能力是一种高效发挥与整合创新能力的力量。强大的战略能力可以充分地启迪与发挥全民族的创新潜能;并可以使之迅速有效地得到应用、提升与合理配置,从而形成全民族巨大的创新能量。如果一个国家的战略能力不足,民族的创新潜能十之八九会夭折在摇篮之中。

2.战略能力是国家生存与安全的有效保障

(1)根据马基雅维里的观点,国家生存与安全是一切政治哲学的第一原则。战略即是对国家生存与安全的长远规划,战略所追求的不是眼前的利益而是长远的基业、是对现实和目标之间途径的思考。

(2)战略谋划的要务在于:确立正确的目标和方向之后必须力争主动、并运用一切手段进行战略布局和战略突破。力求最大限度地接近和实现战略目标。

(3)即使因力量不济而姑且采取守势也必须以足够的战略谋划尽可能地寻求战略优势。首先要变不利为有利;第一步要确保自己的战略底线不被突破。在这个前提下是要力求实现与对手的战略平衡。也就是不惜采用任何手段打掉对手的战略优势,其中的要点是拓展我方的战略空间;缩小对手的战略空间。为此,寻求新的战略支点、实行有限出击、缔结可靠的战略同盟乃是必要的步骤。在这两个战略目标达成之后,还要通过进一步的战略谋划实行平衡转换,即用我方的优势打破并取代对手的优势。这样国家的生存与安全才能得到有效的保证。为此在战略上采取某种积极主动的进攻形式态势是十分必要的。因为一旦陷于消极被动的防守地位便丧失了主动权和优先权。同时也会丧失战略优势。

而任何具有远见的成功战略谋划必然要取决于国家综和战略水平与战略能力的高低。

3.战略能力是一种有效平衡的能力

(1)战略能力是一种对人性中内涵的竞争本能和共存本能进行有效平衡的能力。竞争本能是人类为自身生命延续而具有的维护和拓展自身利益的能力。竞争力是人性中竞争本能的扩展,它往往指个人、集团乃至国家在生存和发展中有效维护和拓展自身权益的能力。自信、进取、开拓、创造、占有、攻击是竞争力的重要内涵。由于竞争力以维护自身利益为最高原则，根据谢林"将私利置于公意之上即是恶"的说法，竞争力是偏恶的。在现代社会中效率往往是竞争力的标志。共存本能也是人性的重要方面，人类作为高度社会化的生物必须依赖共同生存与协作方能产生强大的竞争力以有效维护种群的生存与发展，共存的要点是协作、分享、宽容、互助、和谐、公正、善良。由于共存以协作、分享、公正为最高原则，所以它是偏善的。在现代社会中公平往往是共存能力的标志。

（2）对于任何一个人类群体来说竞争本能和共存本能的平衡都非常重要，如果这个群体的共存能力不足，那么他们的整体竞争能力肯定要大打折扣。反之，如果一个人类群体的竞争能力不强，那么这个群体的共存能力(凝聚力)肯定也有问题。而只有这个群体的竞争能力和共存能力(凝聚力)都得到了有效的发挥；那么这个群体就才会变得十分强大。老子所谓"慈故能勇"讲就是这个道理。

（3）如果不能使团队竞争能力和共存本能的获得平衡，那么即使是出类拔萃的英雄也不免归于失败，例如项羽的个人竞争能力远在刘邦之上，但由于刘邦团队的共存能力远高于项羽团队；因而其整体竞争能力仍在项羽团队之上。并最终战而胜之。

法国元帅贝纳多特在评价拿破仑时指出："拿破仑不是为他人所击败。在我们所有这些人之中他是最伟大的，但是因为他只依赖自己的才智所以上帝才会惩罚他。他把才智用到最大限度，终于难以为继。"可见拿破仑由于只强调自己的才智和竞争力，而严重忽视其团队和法兰西民族整体的共存能力，尽管英雄一世，最终不免功亏一篑，十足令人惋惜！

（4）只有在人性中的竞争本能和共存本能获得高度平衡的情况下人类方能释放出巨大的创造能量和强大的竞争力。近代中国之所以屡屡为西方所败，其中一个重要的原因就在于在那个时代我们民族整体的共存能力不如人家。近代西方通过自由、平等、民主、法治等一系列文化转型；使其整体共存水平大为提高，进而产生出异乎寻常的竞争力与创造力，反观中国，在尊卑有序、等级森严的封建理教束缚之下，贫富分化、上下对立极其严重，这自然大大弱化了我们的共存能力并连带国家竞争力急剧下降，因而屡屡战败自然再所难免。

然而，美国作家贝文·亚历山大在分析朝鲜战争中美军失败的深层原因时却认为，"中国人极力阻止军事上的等级制度"是中国军队难以战胜的重要原因。这就显而易见地表明；一旦我们强化了自己的共存能力，国家竞争力就会随之改观，变得异常强大；即使是世界上装备最精良的军队我们也可以战而胜之。

所以唯有使人类的竞争本能和共存本能达到有效平衡；才能使我们形成真正的战略能力并释放出巨大的能量。在这方面毛泽东的光辉实践为世人树立了一个杰出的范例。毛泽东对提升共存能力的要求是："我们所做的一切都是为人民服务"，"军民团结如一人、视看天下谁能敌？"毛泽东对提升竞争能力的要求是："这个军队具有一往无前的精神，他要压倒一切敌人，而绝不能为任何敌人所屈服。"而他卓有成效的平衡手段乃是"三大纪律八项注意""政治是统帅、是灵魂"。正是这些高超的战略艺术，使毛泽东的中国成为当时世界不可战胜的伟大力量。

对于这一点，作为毛泽东敌人的美国军人的评价尤为中肯。一位与日本和中国都交过手的美国军官约翰·马丁(上校，美国海军陆战队远征第1师战术团指挥官)曾经感慨地说道："在朝鲜的这段时间里面，我终于懂了什么是真的无法战胜！在我参加的太平洋战争中，与日本军队交手，已经不是一次的事情了。纵观日本军队的进攻与防御来看，虽然表面上看似十分凶猛。但是，实际上却是一种无助的歇斯底里的疯狂的最后发作！"

"而在朝鲜时期，我看到了另外一支完全不同的亚洲的军队——中国解放军。这是一支当时只能依靠'精神力量'来武装的军队。他们并不懂得什么是真的武装先进力量。但是,他们依靠精神力量,却在这里一次一次挫败了'美国将军们'的宏伟计划。

对比日本军队,不难看出,中国军队的冲杀力量是十分强悍的。日本军队所具备的一切,中国军队完全具备。而日本军队不具备的,则是中国军队的最难以征服的特征。

日本军队不能与中国军队比较。前者是在一种近乎疯狂自杀的理念驱使下来作战。他们无所谓战术,无所谓装备,只要敢于自杀就可以。但后者则是为了体现自己的战术价值而去拼杀。

我认为,韩国军队作战能力1个师相当于中国军队的1个营。日本军队作战实力,抛开火力优势相当于解放军军队的1个团。而在麦克指挥下,我想我们可能连一个A连连队都不如!美国西点军校的一位教授则对来访的中国军人表示:美国沉湎于二战胜利后的喜悦。而且认识上对中国军队先入为主,全没意识到,蒋介石统领下的一群'鸭子',在毛泽东的统帅之下竟成了一群狮子并告知客人:他不认为美军败给有毛泽东这样卓越的统帅和彭德怀这样杰出司令官的中国军队是什么丢脸的事。他还认为:毛泽东是人类历史上绝无仅有的善于以弱击强、以弱胜强的军事家。毛泽东的军事思想体系及实战应用是非常的精妙独特,至今还没有好的应对破解办法。虽然我们把他当做对手来研究,但我对中国的毛泽东始终怀有最深的敬意。西点军校崇敬的两个中国的也是全人类的兵家泰斗,一个就是毛泽东,还有一个是孙武子。

4.战略能力是一种高度的理性能力

(1)战略能力强大的另一种体现是具备高度的理性能力。理性能力是一种运用正确的方法认识世界和改造世界的能力,理性的创造是在遵从自然之道基础上的创造。只有正确的理性能力才能导致正确的分析能力、判断能力、预见能力和高水平的决策能力。而高水平的决策能力是战略能力强大最重要的标志。提升权利运行的理性化是实现这一目标的第一要务。因为强大的战略能力必须通过权利行使和运行才能得以体现。

(2)三千年前姜太公曾经就权利运行理性化问题告诫周文王:"见善而忌、时至而疑、知非而处、此三者道之所止也。"(《六韬·文师》)这里着重强调是,在人类社会善恶俩极的自然状态中,必须明辨是非,至少要保持有效的平衡,并善于在这种平衡中寻找发展的时机和机遇。不能反其道而行之。太公此论内涵着丰富政治理性光辉,时至今日仍有重要意义。

(3)权利运行的理性化的核心问题是怎样使政治制度具备在平衡中寻求发展以及在发展中保持平衡的强大功能。使人在一个政治制度下既能获得最大的自由度,从而具有最大的理性创造能力,同时又能有效地制约因人性欲望的过度扩张而造成的种种误判及相应的破坏性。而实现国家权利与国民权利的平衡是权利运行的理性化的核心任务。中外历史无数次地证明:凡是在国家权利与国民权利的平衡方面表现出色的国度;那个民族的理性能力和创造水平往往也是最高的。反之如果这种平衡完全被打破,那个民族的理性能力和创造水平往往也会被降至最底水平。人们每每感慨于何以象中国人这样高度智慧的民族近代在理性思维和创造水平方面会大幅度地落后于西方?李约瑟教授为此还提出了著名的"李约瑟难题"。其实一个重要的原因就在于两千年来中长期的封建专制统治使国家权利与国民权利处于严重失衡的状态,这不能不使中国人的理性能力和创造水平的施展空间被大大降低。

(4)当前,对于中国这样一个在宪法中明文规定"一切权利属于人民"的社会主义国家来说,最重要的任务就是在文化转型中用法律至上的观念取代人治大于法治的传统。法是保持国家权利与国民权利平衡的最后底线。马基雅维里在这方面有着深刻的见:他认为:法是国家权利的基础。如果在这个问题上举棋不定、模棱两可,就会导致一个人的政治命运乃至一个国家政治命运的损毁。只有在法律前提下,才能既照顾到个人利益、又兼顾共和国的利益。一个政府背离法制和传统,其垮台是不可避免的。在某种意义上说,人治向法治转型的成功乃是大幅提升国家战略能力关键举措。因为只有在法治的条件下才能导致人类理性能力的有效发挥。

5.国家利益和资源运作水平是战略能力考虑的基本原则

(1)国家利益一般包括两个层面:其一是统治该国的那个阶级的整体利益;其二是该国各民族的整体利益。战略能力从根本上说是一种有效捍卫国家利益的能力,也是它始终如一的维护对象。

(2)对国家利益的清晰界定和总体把握,高度的理性精神、深刻的洞察力与判断力、对发展与创新机遇的高超把握能力、对资源有效掌控与合理运用的能力,是为战略能力的基本内涵。也是维护与发展国家利益的有效手段。

(3)如果国家权利运行的理性能力不高,一些强势的利益集团就有可能掌控国家战略资源、操控国家战略能力,其结果是曲解、误导并最终损害国家利益。

(4)资源的占有水平与运作能力是战略能力强弱的标志,也是支撑国家利益的基础。富有远见的战略家不会突破资源动员能力的极限去追求和发展战略利益。否则必然适得其反。历史上拿破伦、希特勒失败的历史都是生动的例证。理性化的制度设计、民心所向和杰出人才的储备是一个国家最宝贵的战略资源。使制度、民心、人才及资源得到高效整合是战略能力强大的外在标志。也是使一个民族具有强大创新能力的根本所在。

二、高素质的人才是最为宝贵的战略资源

1.高素质的人才乃是国家战略能力在精神层面的最佳载体。因而选贤任能、在政治、经济、文化领域大力任用高素质的人才乃是拓展国家战略能力核心内容。这种拓展应包括两个层面:即举人中之大贤、汲众智之所长;二者又是相辅相成的;因为只有最杰出的才俊之士才能具备最出色的判断力并能够真正做到汲众智之所长;比如,只有唐太宗那样的杰出领袖不仅具有高瞻远瞩的战略眼光;而且也能真正做到虚心纳谏、选贤任能。只有毛泽东那样的历史巨

人才能将从群众来、到群众中去的群众路线运用得炉火纯青。他们都创造了将全民族无穷的智慧转换为巨大的创造能量光辉范例。当然也只有最杰出的才俊之士,才能准确精地把握住提升我们的文化创新能力的战略制高点。只有把握了这个战略制高点,则其他问题乃可迎刃而解。

2.我们的制度设计必须保证将一批具有高度智慧、卓越的洞察力和判断力、深刻而独到的分析力、深厚的人文与哲学素养的精英人士置于领导岗位、他们必须具有非凡的创造力,以及对中华民族的深厚情感,特别是与劳苦大众具有密不可分的血肉联系。没有这样一支精英团队,所谓提升国家战略能力就是一句空话。

三、战略能力的有效提升是一个国家转弱为强的根本所在

1.国际关系的博弈是国家战略能力的博弈

出色的战略谋划必须能够引领我们国家在国际战略博弈中位居前列。从深层次和长远的眼光看问题,国际间的博弈并非财富多寡的博弈。而是国家战略能力的博弈。因为一个国家对资源与财富的占有水平,大体上是由国际分配规则以及该国在规则制定中的实际地位决定的。这种实际地位的获得又取决于该国的战略博弈能力。因而孙子所谓"战胜则强立"、"上兵伐谋"(《孙子兵法》)实为至理名言。因而,整体性地提升我们的国家战略能力乃是使我们变被动为主动、转弱为强的关键。

2.战略能力引领国家力量

战略能力的提升导致国家强大的例子在历史上比比皆是。东周时期的郑国在人们普遍印象中是个三流小国,其实在春秋初期郑国因具备了较高的战略能力曾经一度十分强大。郑桓公和郑武公,因为采取了大量解放官奴,并向新兴商业阶层施以实惠等取信于民的政策,并在此基础上汇聚了一批当时杰出的才俊之士,从而大大提升了国家整体战略能力。郑庄公时期,郑以撮尔小国,弹丸之地,竟一跃成为一流强国,不仅当时的头等大国齐卫鲁宋莫敢与之

争锋,就是周天子亲自督师来战,结果也是大败而归。这样的例子在以后的中国和世界不断重演,例如吴国对楚国、越国对吴国、秦国对东方六国、金对北宋、后金对大明、穆罕默德的阿拉伯对伊朗萨珊帝国,从整体实力上看双方几乎完全不成比例,然而看似弱小的一方却终能战而胜之。可见,战略博弈能力高,即使小国如郑、吴、越亦可称雄天下。战略博弈能力差,即使是北宋这样的世界头号经济超级大国在金人的攻击面前也终究不堪一击。

明治维新之后的日本从一个撮尔小国变成世界级强国的历史更是一个生动的实例;日本人在使人才、制度、民心及资源得到高效整合方面做了相当大的努力,于是他们获得了强大的国家战略能力。即使是在二战之后,日本人在其国土沦为一片废墟的情况下正是靠着这种高效整合能力使其在短期内迅速成为世界第二经济大国。即使是在所谓"失去十年"的今天,日本国家战略能力的强势似乎仍然锋芒不减。用日本学者大前研一的话来说:"日本研发支出占国家财富的比重20年来一直居世界第一,平均每一万劳动人口中的研究人员数量也是世界第一,日本受教育率超过99%,日本新产业全球竞争力排名第二。日本高效率的人才培养对应的是高效率的资源利用,日本太阳能发电量占全球一半,日本生产一吨钢的耗能比美国低20%、比中国低50%。"(《环球时报》2011年3月21日7版报道)可见正是这种以高效人才与科技战略所带动的强大国家战略能力使原本弱小而边缘化的日本变成无人可以轻视的大国。仅他的经济规模就相当于德国与意大利的总和。

3.立党为公,以人民的利益为依托是提升国家战略能力的根本所在。

改革开放以来,中国的经济发展举世瞩目,但中华民族复兴之路仍是障碍重重,国际国内面临的问题十分严峻。因此,整体性地提升国家的战略能力已是当务之急。这种能力的支点乃是立党为公,以全中国人民的根本利益为依托,在深刻理解传统文化的基础上,以海纳百川的博大胸怀汲取当今世界文明的先进成果,这样才能形成大智慧、大战略,才能具

备应对挑战的勇气和大国博弈的杰出才略,并在复杂纷纭的国际环境中纵横捭阖、游刃有余。只有在这种具有清晰目标和明确思路的大战略的指引下,我们才能对各个发展阶段的战略任务了然于胸。在国家整体实力有待提高的今天,真正认清敌友;在复杂多变的国际环境中成功地捕捉和把握机遇,实现中华民族的复兴。

我们应以非凡的胆略与气魄,运用大手笔、大思路,集中全民族的智慧,打造和提升国家整体战略能力,这不仅使我们能够成功的破解诸多挑战与难题,并且有助于真正提升中国的整体实力,这种实力的获得,才是我们在国际关系的博弈中立于不败之地的根本保证。

四、提升国家的战略能力要抓关键

1.立足于客观实际的哲学思考

(1)哲学是人们对世界的观察与思考,是人类对诸多感性经验的理性思考和总结。哲学是文化创新与国家战略的基础,没有哲学深度的民族就不可能有先进的文化和强大的战略能力。大国竞争,在深层次上是不同哲学之间的对撞。战略选择、制度安排,须有深厚的哲学底蕴作为支撑。战略的失败首先是哲学的失败,有哲学深度的民族才会有战略高度。当前哲学建构的要义在于:一、重建全民族的信仰系统;二,确立国家未来发展的战略目标并提供理论依据。三、在实践战略目标的过程中对可能遇到的重大障碍提供预警机制和解决思路。四、为最大限度地启迪全民族的创新潜能提供理论指导;五、为有效地发挥、提升、应用及合理配置全民族的创造力提供方法论意义上的思路。

哲学引导下的战略思考必须在事物的普遍联系中抓住关键,必须能透过纷繁复杂的现象抓住核心及本质。在主流哲学层面用二元平衡论取代根深蒂固的一元论是创新我们哲学基础的艰巨任务。

(2)从根本上说战略的目的实现是要打破旧的平衡建立新的平衡,即在众多的矛盾体系中用新的平衡支点取代旧的平衡支点。或用我方控制的平衡

体系取代敌方控制的平衡体系。所以哲学意义上的战略乃是新陈代谢中的平衡转换。因而对物质平衡问题的理解能力和把握能力即成为战略问题的关键。失去了哲学思辨能力，必然丧失民族国家的主体性。没有了主体性，就像一个人失去了灵魂，就会变成躯壳，就会变成工具。学者张文木先生认为"战略哲学其基本内容包括战略目标、时间和空间，其次是确定战略对手。历史上从来没有脱离特定时空的战略对手。格物才能致知。格物，就是确定事物存在的时间和空间；致知，就是在这确定的时空中确定战略对手和战胜对手的原则。战略哲学研究的是战略对手向战略伙伴转化的边际。明智的战略是对手越打越少，而不是相反，更不是战事未开已是四面楚歌的战略。朋友和对手在不同的战略时空中总是不停转化的。从哲学意义上说，战略是将敌人打为朋友，从而将战争转化为和平的工作。"可见有效的战略哲学是在灵活多变的战略转换中实现战略目标，确保国家利益。正如老子所言："以正治国，以奇用兵。"战略转换的精髓乃在于出奇制胜。

（3）在诸多平衡体系中与战略问题最密切的平衡是战略目标与自然制约的平衡，它的铁律在于永远不要试图超越自然制约的极限去确立战略目标。更具体地说，就是不要突破资源极限去经营目标。

2.紧紧把握战略制高点

（1）战略制高点的把握乃在于在战略目标确认之后，能够先于众人、迅速地领悟到达成目标的战略捷径，并牢牢掌控住通向胜利的战略要津。换句话说，就是要迅速判明战略对手的薄弱环节，并以相应的手段掌控住扼制这些环节的关键点。孙子所谓"致人而不致于人"，乃是掌控战略制高点最高境界。

今天的美国就是掌控战略制高点的"大师"；美国人通过一系列战略谋划布局，在人才、科技、金融、能源、经济、军事等等领域几乎都掌控着经营世界的战略制高点，在全球化时代的今天，美国人特别通过经济金融规则的制定权、原材料与最终商品的定价权、美元与大宗商品挂钩的特权地位等等使其在世界称王称霸，几乎畅行无阻。美国人通过所谓"巧实

力"、"软实力"、"硬实力"等一系列令人眼花缭乱战略举措，毫不客气地向其认定的战略对手频频进攻，打得他们只有招架之功，几无还手之力。而其针对战略对手的"脑瘫战略"也几乎达到了"致人而不致于人"的最高境界。

他们把握战略制高点的远见亦不能不令人刮目。举一个众所周知的例子，美国其实最怕的就是中国崛起和中日结盟，中日一旦结盟，必然会使美国从霸主的地位上跌落下来。于是美国早在20世纪70年代就抛出了所谓"归还钓鱼岛"这枚棋子。凭着这枚棋子他可以把中日俩国搅得天翻地覆。在互相争斗和伤害中不仅削弱了彼此的力量，而且大大缓解了二强对美国的战略压力。从而在美中日三角关系中从容悠然地掌控了战略制高点。仅凭这点它就可以以居高临下的姿态地俯视并挑斗中日为其所用，以从中获取巨大的战略利益。

反观中国，自中世纪以来，因故步自封，因循守旧，导致在一系列关乎国家生存的重大战略问题上几乎全面丧失了战略制高点，于是乎近百年来，被动挨打成了中国人的宿命。时至今日我们在诸多重大问题上仍不免仰人鼻息、受制于人。这方面的教训值得我们世代铭记！

（2）在关乎国家生存与发展的重大战略问题上必须把握的战略制高点在于：人才的选拔与基础教育、科学进步与技术创新、文化进步与制度创新、民心的凝聚与资源的掌控、稳健的金融与强大的国防、独立自主的经济与高水准的制造业。在这些问题上，唯有集中全民族的智慧，全力以赴，迎头赶上；中国的现代化事业才有希望。

（3）把握战略制高点从根本上说是要具备一种杰出的判断与综合的能力。它包括高超的分析归纳能力、理解能力和出色的判断力，以及在此基础上谋局造势的能力。这些都必须有高超的智慧和卓越的创造力。因此，创造一种文化氛围和制度机制最大限度地启迪全民族的创新潜能，并使之有效地发挥，提升及合理配置乃是把握战略制高点的第一要务。

（4）凝聚与掌控最杰出的人才。战略制高点之争

本质上是人才之争。文王得太公而灭商,齐桓公得管仲遂霸诸侯、汉高得韩信乃定天下,刘备得诸葛亮遂天下三分。人才于国家兴亡的重要性怎么评价都不过分。美国在金融与债务双重危机极其严重、整个国家濒临破产的情况下竟能对其他大国采取咄咄逼人的战略攻势;一个十分重要的原因就是美国政府的班底汇聚着当今世界一流的战略人才。可见,对杰出人才的吸引与掌控在任何时候都是把握战略制高点的第一要务。因为只有一个民族中最杰出的人才才能真正达到符合乃至超越时代要求的战略高度。而这种吸引人才能力的高低从根本上说又是由一国文化的总体水平特别是支撑文化创新能力的政治文化水平所决定的,后者又取决国民总体文化素质的高低。

(5)教育立国是为根本的根本。以世界各发达国家的经验而论,对教育的高度重视是其共同的特点。

当德国还处于贫弱状态时,国王弗里德里希二世便坚决贯彻义务教育的基本国策,他于1763年亲自签署了世界上第一部《普遍义务教育法》,正是由于对人才培养的高度重视,使得德国尽管在两次在世界大战中失败,它仍能迅速地崛起为世界强国。

历史学家爱德华·伯恩斯在他的著作《世界文明史》中深有感触地写道:"世俗教育的崛起是西欧历史上一个极具重要性的发展;没有这场革命欧洲的许多其他成就也是不可能取得的。"

今天,遍观世界各个发达国家,其中一个共同的特点就是对教育的高度重视。资料显示:从20世纪60~80年代美国和前苏联的教育经费各增加5倍,英国和西德各增加9倍,法国增加18.6倍,日本增加37.6倍。

这其中美国的经验尤其值得重视,美国人重视教育的独特之处就在于它的教育体制善于将全世界最杰出的人才吸纳于其中。这是美国霸主地位无人撼动的真正秘密。

然而,据联合国统计,中国对教育的投入甚至低于一些发展中国家。1998~1999年,中国对教育的总投入相当于国内生产总值的2.2%,而印度是3.2%,俄罗斯是3.5%,菲律宾是4.2%,美国是5%。这样少的投入不仅使我国人才培养总体水平不高,而且也是我国高素质人才大量外流的重要原因。据中国科学院学者蒋高明研究;30年来仅北大、清华两校的学生就有高达70%的比例流向美国。可见,这样一种状况如果不加改变国家的未来将难有希望。

(6)战略制高点的把握还表现为高水准的掌控与运作资源的能力。一个国家掌控与运作资源水平的高低决定了这个国家战略行为的底线和极限。国力的大小终究取决于该国资源总体水平的支撑。基于该国人民生存和发展所必须资源的掌控量往往是该国人民必须坚持的战略底线,国家的战略边界往往由这条底线所认定。所以一个国家资源占有水平与运作掌控资源能力的高低是该国国家战略能力实质内涵,它最终决定了该国国力伸缩的战略极限。了解了这些道理,我们就应该懂得仅仅埋头发展经济是不够的。更加重要的是要学会如何更有效地掌控与运作各种经济资源和战略资源。如果缺乏这方面的能力,我们可能会白忙了半天,却在为他人作嫁衣。有了这方面的能力我们才能从根本上保卫国家利益不受侵犯。

(7)战略制高点的把握是在关乎国家生存与发展面临严峻挑战的重大关头以及在重大创新活动中捕捉机遇的能力。它不仅包括在深入洞悉国际大格局的前提下捕捉总体战略机遇的能力,也包括了在各个具体的战略目标上捕捉战术机遇的能力。这种能力无论是对社会发展还是国与国之间的竞争格局都具有决定性意义。一般而言,它包括两个环节,其一是建立在对国内外大格局的总体把握和清晰判断基础上运筹帷幄的能力。其二是准确判断机遇所在之后迅速决策和实施的能力。二者相辅相成,缺一不可。

例如,公元前36年,北匈奴郅支单于祸乱西域,并屡屡向汉朝寻衅,西汉边防军副司令陈汤审时度势,分析了双方的力量对比,认为只要出其不意,就能抓住战机一举荡平北匈奴。于是他以非凡的胆略与气魄率4万余众对北匈奴进行了长途奔袭,盘踞于康居的郅支单于措手不及、仓皇迎战;最终被陈汤全部歼灭。[16](根据法国历史学家格鲁赛的观点;这支被陈汤彻底击败的北匈奴余部就是后来由阿提拉率领的祸乱欧洲的匈奴帝国建立者的祖先)此举不仅有力地捍卫了汉朝的西北边疆,同时有效震慑了业以投降汉朝的南匈奴部众。

陈汤掷地有声的豪言"犯强汉者虽远必诛"。两千年来一直回荡在华夏人心灵的最深处。成为他们捍卫祖国荣誉与尊严的强大精神力量。

又如,1950年新中国刚刚建立,美国即率16国联军叩关朝鲜,毛泽东以一个伟大政治家的非凡气概力排众议,决策迅速出兵迎战,并战而胜之。从而为中国赢得了独立自主的宝贵发展机遇。

再如,达尔文当年虽然对上帝创世产生了怀疑,但是如果他没有勇于抓住登上贝格尔号作环球旅行考察这一重大机遇。那么他后来在生物科学上的伟大创新几乎就是难以想象的。

(8)捕捉机遇,其要点在于"致人而不致于人"(《孙子兵法》)即争取主动、抢占先机。把握住了这个先机,则其他问题乃可迎刃而解。无论是当年陈汤的迅速决断;还是毛泽东当机立断,或是达尔文的义无反顾,其成功的契机即在于此。

今天唯一的超级大国美国也是一个在战略和战术目标上很能抓住机遇从而尽占先机的典型,当前美国深陷金融和债务双重危机,然而他却能够反守为攻;对其债权人中日俄等国步步进逼。这是因为美国人才、科技、金融、能源、经济、军事等等领域几乎都掌控着经营世界的战略制高点,在此基础之上美国又以虚虚实实、出奇制胜等所谓"巧实力"的手段不放过每一个对其有利的战略机遇。因而它在经济、金融和外交军事领域攻城略地、处处主动、似乎尽占先机。

小国朝鲜的例子也很能发人深思。尽管朝鲜是一个小国、弱国,但是朝鲜却很善于利用大国的矛盾捕捉有利于自己发展的战略机遇。正是靠着这种能力朝鲜得以在各个大国间纵横捭阖。为自己赢得发展的战略空间和时间。连美国这样的霸主对此也有

些无可奈何。所以善于捕捉和把握机遇,有时也是以弱敌强、变被动为主动的有效方法。

反之,如果不善于捕捉机遇以抢占先机,则往往处处退让,处处被动,被人牵着鼻子走,以至于在国与国之间的竞争中陷入战略困境。

3.有效的实施力

(1)强大而有效的实施力是战略决策的有效保障。如果一个国家没有强有力的贯彻决策的能力,那么再好的战略决策也只能是空中楼阁。在这方面我们有很多深刻的教训,由于我们的实施力大多以人治和空泛的道德为依托,所以既难以上升到程序化和标准化的高度,也难以上升到法治化水平。久而久之便形成了光说不练的中国式奇观。中央的很多决策到了地方便大打折扣甚至完全变样。宏观上如此,微观上亦然,据说很多事业单位和企业对于各项管理制度的实际执行率只有70%甚至不到。有一个例子很能说明问题,东北某企业因为效益低下便请来了两位日本专家参与决策。日本专家经过仔细研究,只提出了一项建议便使这个企业的效益连年翻番。这个建议的内容就是不折不扣地执行企业固有的规章制度。

(2)实施力是通过权利和法律对战略意图的强制贯彻,相对而言,法律制度健全的国家其战略实施力比人治型国家要强得多。一位德国专家曾经对一位中国总经理如是说:"我觉得,德国社会是一个以制度和法律为根本取向的社会,中国社会是一个以感情和道德为根本取向的社会,中国社会缺乏对法律和制度的遵守,规则在社会生活中发挥的作用并不大。同样,中国企业与德国企业的区别也在于此。中国人天生智慧卓越,但是最缺乏的是遵循规则和法律的习惯,我父亲知道我在与中国人做生意,他对我说:中国人可以在短期内遵守所有规则,也可以在长期内遵守某一项规则,但却无法在长时期内遵守所有规则,但德国人可以在长时期内遵守所有规则,这就是两国人的最大差别。中国人天资聪颖,在个人才智上德国人比不上中国人,如果中国人的规则和法律意识能够达到德国人的50%,中国的GDP就能够立即达到德国的5倍。"规则意识的落后导致中国

人的决策实施能力大打折扣。其实，这当中的深层原因就在我们的文化结构之中，感性与理性的不平衡、国家权利与国民权利的不平衡，这种不平衡的结果就必然导致显规则的失效与潜规则的盛行。感性能力在大众层面的过度压抑以及在精英层面的过度扩张，必然导致民族整体理性能力的不足。一元论思维和人治乃得以大行其道。这便是导致中国人的决策实施能力不高的原因。应当引起我们高度重视的是实施能力的低下已经成为阻碍我们民族复兴的巨大障碍，必须认真加以应对。提高全民族整体理性能力，健全法律制度是重中之重。

（3）决策者与实施者在精神上高度认同其实施力往往体现为无坚不摧的力量。

（4）一个民族的文化系统如果对外来文化有良好的吐故纳新的能力，那么她的战略实施力就会得到相应的提升。反之，如果文化系统过于封闭，难于接受任何新事物;那么她的战略决策能力和战略实施能力就会大大下降。

（5）民心所向是强大实施力的根本保证。

4.蓄势是战略能力形成的关键所在

战略能力是一种强大的、整合全民族创新潜力的能力。这种整合必须通过艰苦的蓄势过程乃可实现。

（1）"势"之得失，关乎国运的昌盛。

蓄势是积累战略能力的过程，是将宏大的战略谋划转换成具有可操作性的实际能力的过程，它是战略能力能否形成的关键。当年齐桓公在即位之初就想一展身手，结果击鲁失败碰壁而归，于是他接受了管仲的劝告，特别从发展生产、收拾民心、厉行法治、整训军队等几个方面入手脚踏实地开展了蓄势的艰苦努力。数年之后齐国便形成了强大的战略能力并最终成就了他的一番霸业。又如，尽管多数历史学家普遍倾向于认为唐高宗是个平庸软弱的君主。然而历史事实却是，他在位时期大唐取得的成就超越了贞观时代。这是因为唐太宗集团高瞻远瞩而又卓有成效的蓄势活动使大唐积累了强大的战略能力，使得即使是高宗这样的平庸之辈当国亦可轻车

熟路地取得成功。

反之，尽管袁崇焕、郑成功是举世公认的杰出人才，但由于大明的整体战略能力已经丧失殆尽，所以他们终究无法挽回大明的覆亡。可见，"势"之得失，关乎国运的昌盛。

（2）蓄势包括文化建构和物质建构两部分。文化建构目标的基本要点在于使一个民族在精神上敢于挑战前进道路上的任何困难和敌人，并具有压倒一切敌人的气概和能力。高水准的哲学理念、优秀的战略人才队伍、对民心足够的感召力是文化建构的核心。物质建构的基本要点在于为宏大的战略谋划积累资源基础，其中包括建立强大而独立的工农业基础和国防体系以及先进的科研力量。物质建构尤其应当重视对资源的开拓能力、积累能力、运用能力和管理能力。这两种建构又需以权利为后盾加以实行。

根据国家利益确定战略目标指向，运用国家权力强力对资源进行重新整合、积累、配制以及合理灵活有效的应用。在确保国家利益这个最高原则之下，有效战略能力形成的前提必须包括对国内各种利益关系进行有效的平衡、对于战略目标和资源运用能力进行有效的平衡、根据资源积累状况和动员能力的变化对战略目标进行有效的管理和调整。其中一和三项在相当程度上属于高水准的文化建构。因为它们的真正施行必须在文化层面大幅度地提升制度的理性运作能力、对民心的感召力以及对优秀人才聚合力和选拔机制。

文化建构成效往往能够决定物质建构的成效，失败的文化建构往往使物质建构功败垂成。

当年洋务运动与明治维新成败的鲜明对比就是一个很好的例子。洋务运动的首领李鸿章，用梁启超的话说乃是"一个不识国民之原理，不通世界之大势，不知政治之本原，他在一个破屋里奋力裱糊，对一个破屋只知修缉却不能改造。"

他的洋务运动毫无文化建构的概念只是些技术上的拿来主义。而日本的明治维新却是一次即重视文化建构又重视物质建构的改良运动。日本人从教

育、政治制度、知识才艺等领域入手,以西方为榜样进行了焕然一新的文化革新与技术革命。日本运用国家的力量对国内各种利益关系进行有效的平衡,提出取消社会等级制,抑制贵族势力,减轻农民负担。同时非常善于从国际大格局的变化中及时调整自己的战略目标。当其洞悉西方列强和国际金融资本有意要打击一下因洋务运动而"壮大"起来地中国时,便义无反顾地充当了急先锋。甲午之战,重视文化建构的日本以唯才是举的标准选拔出伊东佑亨和山县有朋两位日本军界最具才华人士充当的海陆军统帅。而忽视文化建构的中国仍然以传统的"尊尊亲亲"原则启用丁汝昌和叶志超这两位平庸之辈充当海陆军统帅,此二人在军事上基本乏善可陈,更非军中出类拔萃之辈。他们最突出的特点就是对李鸿章伏首帖耳、惟命是从。这样一种对局,结果自然是胜败立见分晓。丁汝昌的海军最后全军覆没,叶志超的陆军则望风而逃,一溃千里。中国的所谓洋务运动也因这次失败而彻底破产。

这个极其深刻而惨痛的历史教训如果被我们忘得一干二净,那么,历史的重演将不可避免。

当前我国因文化建构的滞后效应所导致的社会矛盾的积累乃至局部动荡其实是令人深感忧虑的。

这种状况如不及时加以改变,30年改革开放积累的巨大财富就有可能化为乌有。尽管最高执政者对此问题似有感悟,并推出了文化建设的种种举措,但是如果文化建构不能从提升国家战略能力这样的关键问题入手。那么,流于形式便是势所必然。因此蓄势一定要有整体观念,文化建构与物质建构必须保持平衡。

中国科学院学者何传启先生曾经提出过现代化的三个标准:"有利于生产力的提高又不破坏自然环境,有利于社会的公平和进步又不防碍经济发展,有利于人的自由解放和全面发展又不损害社会和谐。"(《现代化的新机遇与新挑战》中国科学院现代化研究中心编.科学出版社,2011.2)这其中的关键是极端化的战略必须让位于平衡的发展战略,如果这三个标准能够有效地得以实施,我们便可顺利地完成文

化建构与物质建构的任务,从而形成强大的国家战略能力和伟大的创新体系,这样中国的现代化事业才有希望。⑥

参考文献

[1]张文木.天安舰事件后东亚战略形势[J].太平洋学报,2010(11).

[2]周春生.马基雅维里思想研究[M].上海:上海三联合出版社,2008.

[3]中国科学院现代化研究中心.现代化的新机遇与新挑战[M].北京:科学出版社,2011.

[4]程万军.逆淘汰[M].桂林:广西师范大学出版社,2010.

[5]楚渔.中国人的思维批判[M].北京:人民出版社,2010.

[6]海德格尔.谢林论人类自由的本质[M].北京:中国法制出版社,2007.

[7]康德.法的形而上学原理[M].经叔平译.北京:商务印书馆,1991.

[8]李华刚.私企内幕[M].北京:九州出版社,2008.

[9]古彭,万俟轩.美军最怕中国军队"毛泽东化"[EB/OL].乌有之乡网,2010-10-18.

[10]曾纪军等编译.康德的智慧——康德批判哲学解读[M].北京:中国电影出版社,2007.

[11]沙少海[M].老子全译.贵阳:贵州人民出版社,1989.

[12]古彭,万俟轩.抗美援朝:双方军队损失相当[EB/OL].乌有之乡网,2010-10-18.

[13]舒绍福编译.德国精神[M].北京:当代世界出版社,2008.

[14]罗素.西方的智慧[M].北京:中国妇女出版社,1998.

[15]贝文·亚历山大.朝鲜——我们第一次战败[Z].

[16]格鲁赛著.草原帝国[M].黎荔,冯京瑶,李丹丹,译.北京:国际文化出版公司,2004.

[17]李世东,陈应发.老子文化与现代文明[M].北京:中国社会出版社,2008.

[18]李公绰.战后日本经济起飞[M].长沙:湖南人民出版社,1988.

虹吸雨水系统
在汽车博物馆工程中的应用

贾继业，王建全

（北京新兴建设开发总公司，北京 100039）

摘　要：本文介绍了虹吸雨水系统安装技术的发展概况，系统原理及优势，并结合汽车博物馆工程，介绍虹吸雨水系统的安装方法及实际应用的优点及特性。

关键词：汽车博物馆，虹吸雨水，应用

1　概　况

汽车博物馆等 2 项工程雨水采用压力流（虹吸式）系统，内排水方式，屋顶雨水经各雨水立管排至室外。地下室汽车库坡道雨水设排水沟及集水池（井），池（井）内雨水经潜水泵提升至室外雨水干线。

2　虹吸雨水系统发展概况

屋面虹吸雨水排放系统（以下简称："虹吸雨水系统"）起源于欧洲，已有三十多年的发展历程，其技术已日趋完善，成熟。目前在发达国家，总面积超过数亿平方米的建筑屋面采用了虹吸雨水系统。

随着国内经济的快速发展及人们对建筑空间要求的不断提高，近年来大跨度、大面积屋面的建筑物日益增多，传统的重力式雨水系统因受雨水斗泄水量小、水平悬吊管需要坡度、同一水平悬吊管接入雨水斗数量有限、雨水立管相对较多及管径较大等自身条件的限制，已无法适应现代建筑发展的要求。虹吸雨水系统在国内的推广与应用已迫在眉睫。

3　虹吸雨水系统的工作原理及系统组成

3.1　虹吸雨水系统的工作原理

"pupmpipe"虹吸雨水系统根据"伯努利方程"，利用雨水从屋面流向地面的高差所具有的势能，依靠精致的管材及配件、精确严谨的设计及完美的施工工艺有意地制造成悬吊管内雨水负压抽吸流动，雨水连续流过悬吊管并转入立管跌落时形成虹吸作用，使雨水以极高的流速排向室外。

更简单的说，压力流虹吸雨水排水系统的技术原理是利用建筑物的高度所形成的水头，依靠特殊的雨水斗设计，实现气、水分离，从而使与水管最终达到满流状态，当管中的水量是压力流状态时，虹吸作用就产生了，在整个降水过程中，由于连续不断的虹吸作用，整个系统得以令人惊奇的速度排除雨水，快速使屋面的雨水排走到地面。它具有排水效率高、管道布置灵活、节约建筑空间等优势。

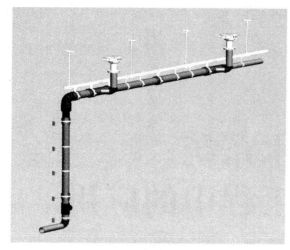

图1 虹吸雨水系统组成

3.2 虹吸雨水的组成及技术特点

3.2.1 虹吸雨水系统组成

虹吸雨水系统主要由虹吸雨水斗、排水管道、及管道固定系统三部分组成：

（1）雨水管道的选材

无论是在化学稳定性，可加工性，抗氧化性，还是在50年的使用寿命，吸收振动特性等一系列的项目上，高密度聚乙烯（HDPE）与其他材质相比，具有比较大的优势。铸铁管与钢管虽然是不可燃的材料，而高密度聚乙烯是可燃的材料，但是从热传导的效果来看，铸铁管与钢管的传热速度是 HDPE 的 100 倍左右，因此如果发生火灾，铸铁管和钢管由于传热速度快更容易使火灾蔓延，必将波及周围的其他材料。而 HDPE 燃烧则可以避免火势的蔓延，阻火圈安装在防火分区的墙上与楼板上，这样就防止了火势

从一区蔓延到另一区。HDPE 管材的应用简单、快捷。可以采用预先特制的方式，而铸铁管和钢管则采用焊接方式，既不方便，又有用火的危险。铸铁管和钢管采用的承插方式的连接又不满足系统对于密封性的要求。硬性聚氯乙烯（U-PVC）管材不可用于虹吸式屋面雨水排放系统，因为其壁厚不可承受系统中的负压。所以本工程中选用高密度聚乙烯（HDPE）管材。

（2）雨水斗的主要特点

型号、规格齐全，适合安装于各种形式的建筑屋面；

采用独特专利技术制造，外形美观，机械强度高，使用寿命长；

雨水斗与屋面防水层之间采用独特机械（类似法兰结构），能彻底解决密封问题，实现排水与防水的完美结合；

泄水流量大、流态稳定、气水分离效果好。运行时所需的斗前水位低；

屋面预留孔洞小，安装、维护便捷；

采用独特的整流装置和下沉式斗体，显著改善了雨水斗的水力条件，增大了雨水斗的泄水能力及减少运行时所需的斗前水位；

无需额外的雨水斗隔栅，通过整流装置上特有的长、短叶片搭配，使叶片间距小于 20mm，能有效地防止杂物进入雨水系统；

采用简单、可靠的紧固方式，使雨水与防水层之间形成良好的密封效果，实现了排水与防水的有机结合；

优异的材质，各构件均具有良好的防腐性能，安

图2 雨水斗示意图

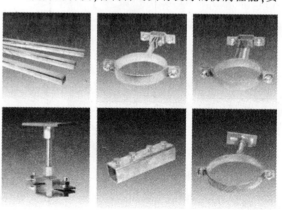

图3 管道固定架

装时无需防腐处理;

雨水斗尺寸更小,安装时屋面所需预留孔洞尺寸亦随之减小,对结构的破坏少,安装、维护便捷。

(3)管道固定系统

由于虹吸雨水系统运行时会产生较大的动荷载,施工中采用"pupmpipe"管道固定系统,该系统采用固定管卡及滑动管卡想结合的分段补偿措施,能有效消除 HDPE 管道因温度变化而产生的轴向伸缩。

管道固定架的特点:

将悬吊管因温度变化产生的膨胀变形分解到各固定管卡之间,使变形无法目测察觉,起到美观作用;

将雨水悬吊管轴向伸缩产生的膨胀应力由固定管卡传递到消能悬吊系统上被消解,对建筑的结构本体不会造成影响;

将雨水悬吊管工作状态下的振动荷载量通过悬吊管卡传递到消能悬吊系统上,利用悬吊钢结构的钢性进行消解;

有效减少与屋面的固定点数量,减少对屋面的破坏;

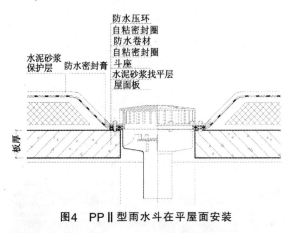

图4 PPⅡ型雨水斗在平屋面安装

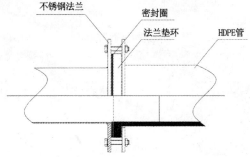

图5 不锈钢管与HDPE管的连接示意图

图6 不锈钢管与HDPE管的连接安装图

更适合于工厂化大批量生产,便于施工现场快速组装,加快施工速度,有效提高施工的精度,保证工程质量。

4 施工方法及技术措施

4.1 雨水斗安装

(1)安装形式如图4。

(2)雨水斗与管道的连接:雨水斗与 HDPE 管道连接采用法兰连接,即利用一个钢塑转换头和一个法兰片实行雨水斗与管道的连接,这种连接方法有连接牢固、施工方便等优点。

4.2 二次悬吊系统及支架的安装

二次悬吊系统能将雨水悬吊管因温度变化产生的膨胀变形分解到各固定支(吊)架之间,使变形无法目测察觉。在安装管道系统以前,按照设计位置把固定系统安装好。

首先,对于悬吊水平管道的二次悬吊系统,按照设计的数量和位置先把安装片焊接在钢结构上,如果是钢筋混凝土结构,则用膨胀螺栓把安装片固定在钢筋混凝土上,用螺杆、管卡紧固装置把悬吊方钢管固定起来,水平度调整至符合设计要求。以便进行水平管道的安装。

方形钢导管的尺寸应符合下表规定。方形钢导管沿高密度聚乙烯悬吊管悬挂在建筑承重结构上,高密度聚乙烯悬吊管则采用导向管卡和锚固卡连接在方形钢导管上。方形钢导管悬挂点间距和导向管卡、锚固管卡的设置间距符合表1和图7、图8规定。

表1

方形钢导管尺寸(mm)	
HPDE管外径	方形钢导管尺寸A×B
40~20	30×30
250~315	40×60

HPDE横管固定件最大间距(mm)				
HPDE 管外径	悬挂点间距RA	锚固管卡间距FA	导向管卡间距RA (非保温管)	导向管卡间距RA (保温管)
40	2500	5000	800	1000
50	2500	5000	800	1200
56	2500	5000	800	1200
63	2500	5000	800	1200
75	2500	5000	800	1200
90	2500	5000	800	1200
110	2500	5000	1100	1600
125	2500	5000	1200	1800
160	2500	5000	1600	2400
200	2500	5000	2000	3000

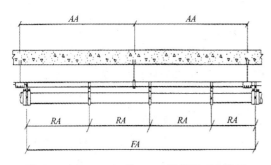

图7　DN40~DN200的HDPE管横管固定装置

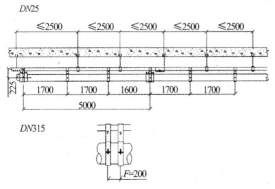

图8　DN250~DN315的HDPE管导向管卡布置图

悬吊管的锚固管卡安装在管道的端部和末端,以及Y型支管的每个方向上,2个锚固管卡之间的距离不大于5m。当雨水斗与立管之间的悬吊管长度超过1m时,安装带有锚固管卡的固定件。当悬吊管的管径大于200mm时,在每个固定点上使用2个锚固管卡。

高密度聚乙烯管立管的锚固管卡间距不大于5m,导向管卡间距不大于15倍管径,如图9。

安装具体步骤为:

(1)根据管道走向确定二次悬吊支架位置并划线。

(2)根据规范要求确定支架数量,将安装片固定。

(3)使用连接方管将悬吊方管连接并通过安装片固定。

(4)按设计要求使用管卡,将连接好的悬吊管固定在支架上。

4.3 HDPE管道安装

4.3.1 虹吸雨水系统HDPE管道热熔焊机连接

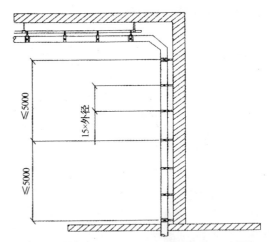

图9　HPDE管垂直固定装置

图10　二次悬吊系统配件

首先清理管材管口部分及管配件内外表面,使之清洁无污染。

然后进行加热:把加热板放在要连接的两管之间,固定在焊接架上打开油压开关使两管口紧贴在加热板上,调节焊机的加热温度,打开加热板的电源开关,给管进行加热,管壁厚度在 4.3~14.2mm 时,加热温度为 210℃~220℃,管壁厚度在 15.9~30mm 时,加热温度为 250℃,当温度达到调节值时,关掉油压开关和加热板电源开关,停止加热,取掉加热板。

最后进行焊接:打开油压开关,在 5~6s 内把要连接的管熔接在一起,焊接完成好的管道一般要冷却 20mim 左右。

4.3.2 将预制好的管道安装在支吊架上

4.3.3 管道焊接适用条件及注意事项

HDPE 管道采用热熔焊接,热熔焊接是一种最简单、可靠的管道连接方法,它为整个系统的预制安装提供了许多方便有利的前提条件;HDPE 管材用此方法焊接时不需其他部件无论预制安装是在现场或是在生产车间里,在各种环境下都可用此焊接法。

以下是保证较好的 HDPE 焊接质量所需要的条件:

(1)保持焊接部位、管道及电热板的清洁度;

(2)正确的焊接温度;

(3)焊接连接过程中施加相应的力;

(4)焊接切断面必须是垂直的 90°,且需使用刨刀进行刨口。

5 虹吸雨水系统的技术优势

(1)雨水斗在屋面上布点灵活,更能适应现代建筑的艺术造型,很容易满足不规则屋面的雨水排放。

(2)单斗大排量,屋面开孔少,减少屋面漏水几率,减轻屋面防水压力。

(3)落水管的数量少和直径小,满足了现代建筑的美观要求以及大型标志性建筑,各种大跨度屋面

图11 虹吸雨水系统安装效果

及高层建筑群楼的雨水排放。

(4)系统安全性高,管道走向可以根据需要设置,在不影响建筑功能及使用空间的同时满足现代大型购物广场,超市,厂房,仓库及各种网架结构金属屋面的雨水排放。

(5)在设计流量下,系统中满管流无空气旋涡,排水高效且噪声小,更能完美配合现代影院,剧场,会展中心,旧点图书馆,学校医院的声学要求。

(6)管路设计同时满足正负压要求,能保证通过高层,超高层建筑全程管路满水实验检验验收,且能避免负压失控确保系统正常运行。

(7)由于管路直径小,总长度少和系统安装简便所带来的管道成本和安装费用减少,管道安装无特殊要求,使虹吸雨水排水系统得到众多的业主和施工单位青睐。

(8)所有系统内的水平管都不需要坡度。虹吸系统可比任何一个常规系统在零坡度状态下运行得更远。

6 虹吸雨水系统应用效果

本工程为南城标志性建筑,外观呈眼形设计,为满足其外观要求,雨水系统设置为隐蔽部位。在排水量、施工位置受限的情况下,本工程选用虹吸雨水系统,经过我公司的精心组织、认真施工,把设计意图完美的由图纸上落实到了现实中。为建设南城标志性建筑增添浓墨重彩的一笔。ⓡ

对安装阶段
如何预防锅炉受热面爆管的几点认识

刘 勇

(东北电力管理局第四工程公司, 辽宁 沈阳 110000)

摘 要: 近年来, 由于国家对电力能源的需求, 每年新建或扩建机组就有上百台投产, 而机组在整套启动冲168小时期间或投产初期出现锅炉受热面爆管造成机组停产的事故也屡见不鲜, 究其原因, 无外乎存在或设计方面、或设备制造质量方面、或安装方面、或调试方面的问题, 而在这几方面中, 安装质量所引起的锅炉受热面爆管也不占少数。机组安装是设计、设备制造的后续工作, 因此在安装过程中如何控制锅炉受热面的防爆工作也就显得尤为重要, 具此根据本人多年来从事受热面安装工作所积累的经验, 对锅炉受热面爆管在安装阶段应如何控制做以解析, 以便交流与借鉴。

关键词: 安装阶段, 锅炉受热面爆管, 几点认识

1 新建或扩建机组锅炉受热面爆管的几个典型事例

案例一: 内蒙古某电厂责任有限公司一期2×600MW机组工程#1机组在投产初期因发现后屏过热器爆管停炉。其部位为后屏过热器炉右第3片下端"U"型弯, 炉后从外向里数第9个弯头过烧爆管(喇叭型爆口)。

引发原因: 异物堵塞管子, 使过热器管得不到有效的冷却, 管壁温度升高, 造成管壁超温, 发生爆管。

案例二: 青海某发电有限公司二号发电机组在调试阶段, 机组升压准备进行安全门校验工作, 当主蒸汽压力升至13.36MPa, 主蒸汽温度483℃(设计压力17.5MPa, 设计温度541℃)时, 发生主蒸汽管爆管事故。

事故调查组初步认为事故发生的原因为管道材质问题。

案例三: 内蒙古某电厂责任有限公司一期2×600MW机组工程#2机组在投产初期当锅炉压力约14MPa时, 发现省煤器爆管。

引发原因: 管道原材料裂纹。

案例四: 内蒙古某电厂责任有限公司一期2×600MW机组工程#2机组在投产初期主蒸汽管道连

管上冲量管接头工地对接口断裂。

引发原因: 焊接质量不合格。

由以上几个案例我们不难看出, 机组在调试或投产初期锅炉受热面发生爆管事故, 不论是直接造成或间接造成的, 安装单位都有不可推委的责任, 因为机组安装的过程是设计、制造及形成最终产品的最后一道工序, 移交一台高质量、高标准的机组, 也是安装单位应尽的职责, 因此机组在安装初期, 制定防范可靠的锅炉受热面防爆预防措施就显得尤为重要, 针对此种状况, 个人认为在锅炉机组安装阶段应着重从以下几个方面进行控制:

(1)受热面设备安装前的检查;

(2)管内清洁度的控制;

(3)受热面安装焊口无损检验比例的控制;

2 锅炉受热面爆管在安装阶段几个控制点的解析

2.1 受热面设备安装前的检查

设备安装前的检查对保证锅炉安装质量意义重大, 此项工作也是预防锅炉受热面爆管的首要控制点之一。近几年来, 全国各地新建或扩建电厂纷纷上马, 各家电厂对于设备的需求也极为紧张, 由于锅炉

厂自身生产能力有限,部分受热面设备都委托出去加工制造,这样设备加工制造质量也很难得到有效控制,而设备监造单位对于每件设备也不可能100%进行检测,因此通过设备安装前的检查,对于设备制造缺陷问题,是否符合图纸设计要求等都能及时发现。由于设备安装《规范》标准高于设备制造标准,通过对设备安装前检查,也可以使我们有效掌握第一手数据资料,以利于设备在安装过程中进行调整,形成最终的高质量、高标准的产品,以达到预防锅炉受热面爆管的目的。那么我们如何进行受热面设备安装前的检查呢,个人认为应从以下几方面进行:

2.1.1 受热面设备的外观检查

受热面设备外观检查主要从二个方面进行,一是以图纸及设备相关技术资料为依据,检查设备是否符合图纸设计要求,检查内容主要包括设备尺寸、规格型号、数量及设备自身带有的附件等,此项工作应形成检查记录,作为受热面组合及安装的依据。二是以《规范》及《验标》为依据,检查设备制造是否存在缺陷,检查内容主要包括设备管排平整度、设备管道加工是否符合标准、设备运输过程是否造成刮、碰现象、设备表面是否存在裂纹、管排鳍片焊接是否存在表面工艺等方面的缺陷。此项工作极为重要,安装单位自检完毕后,上报监理单位并进行联合检查,在此过程中如发现设备存在缺陷,应形成设备缺陷单及时通知制造单位或现场安装工代,进行相应处理,并形成闭环。上述案例二中省煤器发生爆管事故,就是原材质存在裂纹造成,如果在安装初期及时发现,此次事故是完全可以避免的。

2.1.2 合金部件的材质复查

近年来,新建或扩建机组都趋向于大容量、高参数方面发展,超临界及超超临界机组在我国不同省份也相续上马、投产,其受热面设备材质的选用也越来越高,锅炉在运行过程中,其各部位受热面设计参数是不同的,这样其对应使用的材质也就有所不同,据统计一台高参数机组合金部件的使用不下四五十种,为保证机组以后的安全稳定运行,以防锅炉受热面因材质错用或焊材误用发生爆管,设备在安装前的材质复查工作是必不可少的。通常设备在现场安装前材质的复检有两种渠道:一是由业主委托特

检院来现场做金相检查;二是由安装单位金属试验室进行光谱检查。对于安装单位来讲,对于每台机组的合金部件都应做100%光谱分析,并应形成相应的检验报告。对于检验符合图纸设计要求的合金部件应及时做好标识,以防现场在使用时,出现错用材质的现象,比如:受热面拼缝用的扁钢、锅炉本体疏放水管道等。另外在安装过程中,对于散件供货的合金部件要做好跟踪使用记录,对于锅炉本体疏放水、压力测量、取样及放空气等小管径管道在安装结束后,应重新做一次光谱复查,以防在安装时造成管道错用现象。上述案例二中如果主蒸汽管道在现场做一下材质复查或安装后的二次复查工作,此事故是完全可以避免的。

2.1.3 受热面厂家设备焊口射线复查

锅炉厂供货设备受热面厂内焊接的焊口,在基建安装无损检测《规范》要求中受热面设备安装前有一定抽检比例,但毕竟不是100%抽查,本人亲自经历的几个工程,在锅炉水压试验时,厂家焊口就有存在泄漏的现象,而且为数众多。针对此种现象,安装单位应与业主进行协商,所有受热面设备焊口在现场应加大抽检比例,虽然增加了一定的成本投入,但比起锅炉爆管所造成的损失要少得多,因此厂家设备焊口在现场抽检及增加抽检比例,对预防锅炉的安全稳定运行也意义重大。

2.2 管内清洁度的控制

在安装阶段管内清洁度的控制是预防锅炉受热面爆管的重中之重,受热面管内不洁,留有异物最终会造成锅炉爆管,虽然锅炉在投产前经历酸洗、吹管两个阶段,但由于锅炉系统比较庞大,死区盲点的位置还是存在的,吹管时杂物就会存留在这些位置处,在锅炉调试或投产初期,这些异物会随汽流的扰动堵塞管口或粘贴在管壁某处,造成管内流通截面减小,受热面局部得不到有效冷却,最终超温发生爆管。在机组投产前管内清洁度的控制可以从以下几个方面来进行:

2.2.1 锅炉水压前管内清洁度的控制

锅炉水压前主要是锅炉受热面的安装阶段,在此阶段应从设备组合前、吊装前、设备就位安装及水压临时措施等四个方面来控制。

（1）设备组合前

设备组合前我们应做好以下三个方面的工作：一是受热面管排、小径管设备的吹扫及通球试验。此过程主要注意受热面吹扫通球工序及封堵的问题，在管排进行吹扫通球试验时，以往我们都是先对设备吹扫通球然后磨口组装，其实这种做法是不对的，应该是管口打磨完毕后再进行吹扫通球试验，对于不需要组装的焊口，磨口、通球完毕后要喷上焊口防锈油并及时进行封堵。此阶段所选用的球必须用钢球，且在使用前应进行编号，球径的选择依据安装《规范》或锅炉厂安装说明书来确定。受热面设备吹扫通球时，应在监理及项目部相关专业的质检人员旁站情况来完成，通球完毕后应检查所用钢球数量，对受热面管排及时进行封堵并办理签证手续。二是受热面集箱、混合器等设备的吹扫及内窥镜检查。因为受热面集箱、混合器等设备在制造过程中，工艺最为复杂，往往此阶段在集箱内部的遗留物也最多，例如：集箱钻孔时留下的"眼镜片"、飞边、毛刺等。所以此过程检查时一定要仔细，最好由有实际工作经验的人员来操作完成，用内窥镜检查时一定要留有底片，以方便以后的认证。此过程应在集箱设备安装前管口打磨完毕后进行。三是锅炉本体连接管道设备内部的清理。连接管道等设备在组合、安装前一定要去掉管道两端的封堵，用蝶形刷或破布进行内部清理，对于带有成型弯的设备，要做一下通球试验，如发现管道内壁腐蚀严重的，应进行喷砂除锈或酸洗处理。

（2）设备吊装前

设备组合后要进行吊装存放，在吊装前必须做好如下工作：一是设备组合完的检查验收。此过程主要验收组合件的整体尺寸、焊缝的表面工艺、焊口无损检测完及在安装过程中是否对受热面造成表面损伤，另外，对所有组合完毕的组件要进行一下二次吹扫及通球试验，以防在组合过程中管内留有异物或焊口内表面成型不好造成管内流通面积减小，为锅炉受热面爆管留下隐患。这一过程必须形成安装签证及记录，以作为锅炉水压监检时的第一手资料。二是设备组件吊装措施的采取。在措施中对所采用的吊装方法一定要经过慎重考虑，吊点及管排的整体强度要进行核算，有必要时要进行一下管排的刚度

校核，以防受热面在吊装过程变形过大，对管排局部造成损伤，影响锅炉以后的安全稳定运行。吊装方案一定要经过上报审批后才能执行，在执行过程中任何人都不得随意更改。在设备起吊前，所有临时吊点在设备安装位置要认真检查，以防对设备造成二次损伤。另外对存放就位的受热面设备，在没有进行安装前，应加强对受热面管口封堵情况的检查，发现有脱落的应及时进行封堵，以防有杂物落入。

（3）受热面设备安装

受热面组件、集箱及连接管道等设备在对口安装时，由于设备制造标准与安装《规范》存有一定的偏差，对管子管口修磨是避免不了的，特别是受热面管排设备，其管口绝大多数在现场都需要处理。针对此种情况，对受热面管排设备管口修磨时，在安装位置应尽量对上面管排的管口进行处理，同时对下面管排的管口要做好封堵（管口的修磨要采取机械加工的方式，不允许动火割除），以防切削下来的铁屑掉到下面管排中，为锅炉受热面爆管留下隐患。对于集箱或连接管设备在对口安装前，一定要进行检查，最后一道管口封闭时，要利用内窥镜全面进行检查，以防在安装过程中管道内留有异物，若发现有异物时要及时进行处理，此过程要做好记录及签证。另外，在处理受热面上的临时铁件时，一定不要伤到管子母材，最好留有一定的余量，再用砂轮机进行打磨圆滑即可。

（4）锅炉水压临时措施安装

新建或扩建机组在锅炉受热面安装结束后，要进行整体水压试验，而在给锅炉上水时大多数采用临时系统，若临时系统管道内部不洁，在锅炉上水时，其杂物也会随着进入到锅炉本体系统内，因此在锅炉水压临时系统安装时，其管内清洁度的必须进行控制，通常采取的措施是在临时系统形成后，进行大量的水冲洗，并目测检查，当水质澄清、无杂质时既为冲洗合格，这一过程也要办理签证。

2.2.2 锅炉酸洗后的检查

锅炉酸洗时，无论采取何种清洗介质及清洗方式，如果水冲洗阶段进行得不彻底，会有大部分沉积物留在受热面下集箱处，因此酸洗完毕后必须进行割管取样见证及进行下集箱检查，对于带有节流元件的下集箱还必须进行无损检测检查，以防有异物堵塞节

工程实践

流元件处，造成锅炉点火初期爆管。如果检查发现下集箱有沉积物存在应及时清理，经相关部门联合检查验收合格后，方可进行封闭，并及时办理签证。

2.2.3 汽机侧相关系统管内清洁度的控制

预防锅炉受热面爆管，不仅仅局限于锅炉侧汽水系统管内清洁度的控制，而汽机侧的汽水系统也同等重要，例如：汽机侧的除盐水系统、凝结水系统、低压给水系统、高压给水系统、抽汽系统及主蒸汽、再热蒸汽系统等，这些系统在安装过程中如存有杂物，在锅炉上水时就会进入到锅炉本体受热面，最终造成受热面爆管。通常对汽机侧系统管道在安装前，应经过喷砂除锈处理，在安装过程时应做到每安装一段，临时封堵一段，在系统最终形成后，要进行一下水冲洗或用压缩空气吹扫，以防在安装过程中有杂物遗留在管道系统中。锅炉酸洗同时，对汽机侧还要进行炉前系统碱洗，炉前系统碱洗合格后，应及时对系统恢复，以防系统造成二次污染。

2.2.4 锅炉点火吹管阶段

锅炉点火吹管意为机组所有系统基本安装结束，机组在化学清洗时，其范围仅仅对炉侧的水冷系统、省煤器系统、启动系统等管道进行了清洗，而锅炉的过热器、再热器及其蒸汽管道，在安装中不可避免地会有焊渣、氧化铁皮和其他杂物。在锅炉正式向汽机供汽前，必须将这些杂物吹洗干净，防止机组运行中过热器、再热器爆管和汽轮机通流部分损伤。在此阶段主要注意两个方面的问题：一是锅炉点火前，对系统要进行水冲洗，当水质符合启动要求时，才能进行锅炉点火升压。二是吹管合格后的割管检查。割除位置要根据锅炉结构设计形式来确定，通常是过热系统及再热系统入口集箱的手孔，在检查时应采用内窥镜进行查看，发现有异物存在应立即处理，并做好记录。对于在吹管过程中如存在各别管壁超温的应查明原因，确定不准时应割管进行查看。当系统检查完毕后，应及时对系统进行恢复，在恢复过程中应采取可靠措施，以防对系统造成二次污染。

2.3 受热面安装焊口无损检验比例的控制

保证焊接质量，是预防机组安全稳定的前提，而无损检验又是检测焊接质量最有效的手段之一，在《火力发电厂焊接技术规程》中，对机组在安装中的

焊接接头分类检验的项目范围及数量做了明确规定，在安装中，各家安装单位都会严格按此规定执行，但考虑安装成本的投入，各安装单位只能按最低的焊口受检比例来执行，而对于整台锅炉受热面安装焊口，还有一部分没有得到检测，为了预防锅炉受热面爆管，保证安装中焊接接头质量，不影响以后机组的安全稳定运行，个人认为在工程安装初期，业主应该与安装单位协商，有针对性的扩大焊口无损检测比例，比如对过热系统、再热系统等高合金受热面安装焊口应100%进行检测，虽然在安装中增加了一些成本投入，但对于减少锅炉爆管事故的发生意义重大。上述案例四中，如果其焊口在安装中得到检测，此次事故是完全可以避免的。

3 预防锅炉受热面爆管应形成有效的监控网络机构

对于基建安装工程来讲，预防锅炉受热面爆管不单单是安装单位的事情，它是一个全局、全方面、全员参与的过程，在安装过程中，如果每一道工序，每一个环节得不到有效的控制，那就给锅炉受热面爆管留下了极大的隐患，机组投产后的安全、经济稳定运行就得不到可靠保证。因此在工程安装初期，业主、监理单位应结合本台机组设计特点及当前同类型投产机组运行情况，制定下发相应的预防锅炉受热面爆管监督检验计划及管理措施，从上至下形成有效的监控网络机构，凡涉及到的参战单位在各个层面都应有人来监管和执行，使整个工程在安装过程中时刻达到能控、可控、在控的状态，特别对于安装单位应结合其自身特点，在内部不但形成相应的监管机构和一系列质量保证措施，而且还要制定相应的考核管理办法，明确各级人员职责及验收程序，在过程中加大监管力度，只有这样才能使各项保证措施和要求在安装中得到严格执行，从而达到预防锅炉受热面爆管的目的。

4 结 论

总之，在安装阶段如果按上面所阐述几点来控制，在过程中加大检查力度，各级检查人员树立起责任心，按章办事，我想在锅炉启动初期，由安装原因引发的锅炉受热面爆管是完全可以避免的。⑥

浅谈楼面裂缝的分析和重点防治措施

肖应乐[1]，刘大亮[2]

(1.大连阿尔滨集团有限公司，大连 116100；2.大连成基建设工程有限公司，大连 116100)

摘　要：目前，工程项目已普遍采用商品混凝土，由于不正当的市场竞争，加大粉煤灰掺量，选用低价位、低性能的混凝土外掺剂，以及细度模数低、含泥量较高的中细砂作为降低成本的竞争手段，致使混凝土质量降低。如何合理地提高商品混凝土的性价比，控制好原材料质量，选用高效优质混凝土外掺剂，改善和减小混凝土的收缩值，采用科学的施工方法，是提高商品混凝土质量和性能的关键性工作。

关键词：楼面裂缝，合理配筋，防治措施

一、设计中的重点加强部位

从住宅工程现浇楼板裂缝发生的部位分析，最常见、最普遍和数量最多的是房屋四周阳角处(含平面形状突变的凹口房屋阳角处)的房间离开阳角 1m 左右，即在楼板的分离式配筋的负弯矩筋以及角部放射筋末端或外侧发生 45° 左右的楼地面斜角裂缝，此通病在现浇楼板的任何一种类型的建筑中都普遍存在。其原因主要是混凝土的收缩特性和温差双重作用所引起的，并且愈靠近屋面处的楼层裂缝往往愈大。从设计角度看，现行设计规范侧重于按强度考虑，未充分按温差和混凝土收缩特性等多种因素作综合考虑，配筋量因而达不到要求。而房屋的四周阳角由于受到纵、横两个方向剪力墙或刚度相对较大的楼面梁约束，限制了楼面板混凝土的自由变形，因此在温差和混凝土收缩变化时，板面在配筋薄弱处(即在分离式配筋的负弯矩筋和放射筋的末端结束处)首先开裂，产生 45° 左右的斜角裂缝。虽然楼地面斜角裂缝对结构安全使用没有影响，但在有水源等特殊情况下会发生渗漏缺陷，容易引起住户投诉，是裂缝防治的重点。

根据上面的原因分析，在近几年的图纸会审中，十分注意建议业主和设计单位对四周的阳角处楼面板配筋进行加强，负筋不采用分离式切断，改为沿房间(每个阳角仅限一个房间)全长配置，并且适当加密加粗。多年来的实践充分证明，凡采纳或按上述设计的房屋，基本上不再发生 45° 斜角裂缝，已能较满意地解决好楼板裂缝中数量最多的主要矛盾，效果显著。

对于外墙转角处的放射形钢筋，根据实践检验作用较小。其原因是放射形钢筋的长度一般约 1.2m 左右，当阳角处的房间在不按双层双向钢筋加密加强而仍按分离式设置构造负弯矩短筋时，45° 的斜向裂缝仍然会向内转移到放射筋的末端或外侧，而当采用了双层双向钢筋加密加强后，纵、横两个方向的钢筋网的合力已能很好地抵抗和防止 45° 斜角裂缝的发生和转移，并且放射形钢筋往往只有上部一层，在绑扎时常搁置在纵横板面钢筋的上方，导致钢筋交叉重叠，将板面的负弯矩钢筋下压，减少了板面负弯矩钢筋的有效高度，同时浇筑时钢筋弯头(即拐脚)容易翘起造成平仓困难，所以建议重点加强加密双层双向钢筋即可。

二、商品混凝土的性能改善

目前,工程项目已普遍采用商品混凝土进行浇筑,由于不正当的市场竞争,导致一些商品混凝土厂商以采用大粉煤灰掺量,低价位、低性能的混凝土外掺剂,以及细度模数低、含泥量较高的中细砂作为降低价格和成本的主要竞争手段。因此建议相关部门,加强对商品混凝土厂商的行业管理,并根据成本投入比例,合理地提高商品混凝土的市场价格(特别是用于地下室和住宅楼面工程的混凝土),控制好原材料质量,选用高效优质混凝土外掺剂,改善和减小混凝土的收缩值,建立好控制体系(即按技术导则中第二条执行),是改善商品混凝土质量和性能的根本性。另一方面承包商在订购商品混凝土时,应根据工程的不同部位和性质提出对混凝土品质的明确要求,不能片面压价和追求低价格、低成本而忽视了混凝土的品质,导致混凝土性能下降和收缩裂缝增多。同时现场应逐车严格控制好商品混凝土的坍落度检查,以保证混凝土熟料的半成品质量。

三、施工中应采取的主要技术措施

楼面裂缝的发生除以阳角45°斜角裂缝为主外,其他还有较常见的两类:一类是预埋线管及线管集散处,另一类为施工中周转材料临时较集中和较频繁的吊装卸料堆放区域。现从施工角度进行综合分析,并分类采取以下几项主要技术措施。

(一)重点加强楼面上层钢筋网的有效保护措施

钢筋在楼面混凝土板中的抗拉受力,起着抵抗外荷载所产生的弯矩和防止混凝土收缩和温差裂缝发生的双重作用,而这一双重作用均需钢筋处在上下合理的保护层前提下才能确保有效。在实际施工中,楼面下层的钢筋网在受到混凝土垫块及模板的依托下保护层比较容易正确控制。但当垫块间距放大到1.5m时,钢筋网的合理保护层厚度就无法保证,所以纵横向的垫块间距应限制在1m左右。

与此相反,楼面上层钢筋网的有效保护,一直是施工中的一大难题。其原因是:板的上层钢筋一般较细较软,受到人员踩踏后就立即弯曲、变形、下坠;钢筋离楼层模板的高度较大,无法受到模板的依托保护;各工种交叉作业,造成施工人员众多、行走十分频繁,无处落脚后难免被大量踩踏;上层钢筋网的钢筋小撑马设置间距过大,甚至不设(仅依靠楼面梁上部钢筋搁置和分离式配筋的拐脚支撑)。

在上述四个原因中,前二条是客观存在,不可能也难于提出措施加以改进(否则楼面负筋用钢量将大大增加,造成浪费)。但后两个原因却在施工中必须大大加以改进,对于最后一个原因,根据大量的施工实践,建议楼面双层双向钢筋(包括分离式配置的负弯矩短筋)必须设置钢筋小撑马,其纵横向间距不应大于700mm(即每平方米不得少于2只),特别是对于Φ8一类细小钢筋,小撑马的间距应控制在600mm以内(即每平方米不得少于3只),才能取得较良好的效果。对于第3条原因,可采取下列综合措施加以解决:

1.尽可能合理和科学地安排好各工种交叉作业时间,在板底钢筋绑扎后,线管预埋和模板封镶收头应及时穿插并争取全面完成,做到不留或少留尾巴,以有效减少板面钢筋绑扎后的作业人员数量。

2.在楼梯、通道等频繁和必须的通行处应搭设(或铺设)临时的简易通道,以供必要的施工人员通行。

3.加强教育和管理,使全体操作人员充分重视保护板面上层负筋的正确位置,必须行走时,应自觉沿钢筋小马撑支撑点通行,不得随意踩踏中间架空部位钢筋。

4.安排足够数量的钢筋工(3~4人或以上)在混凝土浇筑前及浇筑中及时进行整修,特别是支座端部受力最大处以及楼面裂缝最容易发生处(四周阳角处、预埋线管处以及大跨度房间处)应重点整修。

5.混凝土工在浇筑时对裂缝的易发生部位和负弯矩筋受力最大区域,应铺设临时性活动挑板,扩大接触面,分散应力,尽力避免上层钢筋受到重新踩踏变形。

(二)预埋线管处裂缝的防治

预埋线管,特别是多根线管的集散处是截面混凝土受到较多削弱,从而引起应力集中,容易导致裂缝发生的薄弱部位。当预埋线管的直径较小,并且房屋的开间宽度也较小,同时线管的敷设走向又不重合于(即垂直于)混凝土的收缩和受拉方向时,一般不会发生楼面裂缝。反之,当预埋线管的直径较大,开间宽度也较大,并且线管的敷设走向又重合于(即垂直于)混凝土的收缩和受拉力向时,就很容易发生楼面裂缝。因此对于较粗的管线或多根线管的集散处,应增设垂直于线管的短钢筋网加强。根据以往经验,建议增设的抗裂短钢筋采用Φ6~Φ8,间距≤150mm,两端的锚固长度应不小于300mm。

线管在敷设时应尽量避免立体交叉穿越,同时在多根线管的集散处宜采用放射形分布,尽量避免紧密平行排列,以确保线管底部的混凝土灌筑顺利和振捣密实。并且当线管数量较多,使集散口的混凝土截面大量削弱时,宜按预留孔洞构造要求在四周增设上下各2个Φ12的井字形抗裂构造钢筋。

(三)材料吊卸区域楼面裂缝的防治

目前在主体结构的施工过程中,普遍存在着质量与工期之间的矛盾。一般主体结构的楼层施工速度平均为5~7天左右一层,最快时甚至不足5天一层。因此当楼层混凝土浇筑完毕后不足24h的养护时间,就忙着进行钢筋绑扎、材料吊运等施工活动,这就给大开间部位的房间雪上加霜。除了大开间的混凝土总收缩值较小开间要大的不利因素外,更容易在强度不足的情况下受材料吊卸冲击振动荷载的作用而引起不规则的受力裂缝。并且这些裂缝一旦形成,就难于闭合,形成永久性裂缝,这种情况在高层住宅主体快速施工时较常见。对这类裂缝的综合防治措施如下:

1.主体结构的施工速度不能过快,楼层混凝土浇筑完后的必要养护(一般不宜≤24h)必须获得保证。主体结构阶段的楼层施工速度宜控制在6~7天一层,以确保楼面混凝土获得最基本的养护时间。

2.科学安排楼层施工作业计划,在楼层混凝土浇筑完毕的24h以前,可限于做测量、定位、弹线等准备工作,最多只允许暗柱钢筋焊接工作,不允许吊卸大宗材料,避免冲击振动。24h以后,可先分批安排吊运少量小批量的暗柱和剪力墙钢筋进行绑扎活动,做到轻卸、轻放,以控制和减小冲击振动力。第3天方可开始吊卸钢管等大宗材料以及从事楼层墙板和楼面的模板正常支模施工。

3.在模板安装时,吊运(或传递)上来的材料应做到尽量分散就位,不得过多地集中堆放,以减少楼面荷重和振动。

4.对计划中的临时大开间面积材料吊卸堆放区

域部位(一般约40m²左右)的模板支撑架在搭设前,就预先考虑采用加密立杆(立杆的纵、横向间距均不宜大于800mm)和搁栅增加模板支撑架刚度的加强措施,以增强刚度,减少变形来加强该区域的抗冲击振动荷载,并应在该区域的新筑混凝土表面上铺设旧木模加以保护和扩散应力,进一步防止裂缝的发生。

(四)加强对楼面混凝土的养护

混凝土的保湿养护对其强度增长和各类性能的提高十分重要,特别是早期的妥善养护可以避免表面脱水并大量减少混凝土初期伸缩裂缝发生。但实际施工中,由于赶工期和浇水将影响弹线及施工人员作业,因此楼面混凝土往往缺乏较充分和较足够的浇水养护延续时间。为此,施工中必须坚持覆盖麻袋或草包进行一周左右的妥善保湿养护,并建议喷养护液进行养护,达到降低成本和提高工效,并可避免或减少对施工的影响。

四、对裂缝的弥补处理

在采取了上述综合性防治措施后,由于各种原因仍可能有少量的楼面裂缝发生。当这些楼面裂缝发生后,应在楼地面和顶棚粉刷之前预先作好妥善的裂缝处理工作,然后再进行装修。根据以往经验,住宅楼地面上部的粉刷找平层较厚,可以通过在找平层中增设钢丝网、钢板网或抗裂短钢筋进行加强,并且上部常被木地板等装饰层所遮盖,问题相对较小。但板底则粉刷层较薄,并且通常无吊顶遮盖,更易暴露裂缝,影响美观并引起投诉,所以板底更应妥善处理。板底裂缝宜委托专业加固单位采用复合增强纤维等材料对裂缝作粘贴加强处理(注:当遇到裂缝较宽、受力较大等特殊情况时,建议采用碳纤维粘贴加强)。复合增强纤维的粘贴宽度以350~400mm为宜,既能起到良好的抗拉裂弥补强作用,又不影响粉刷和装饰效果,是目前较理想的裂缝弥补措施。

五、结束语

实践证明,只有从设计中的重点加强部位入手,合理改善商品混凝土的性能,采取科学的施工步骤和方法,加强对楼面混凝土的养护,是防止楼面裂缝的有效途径。

中国西部工业园区污水治理的解决方案

李辰浩[1]，贾旭原[2]

（1.北京师范大学第二附属中学，北京 100192；2.北京中恒联合投资管理有限公司，北京 100048）

摘　要：本文对工业园区污水处理过程中存在的问题、解决方案、技术政策和路线、指导原则等进行了分析和论证。

关键词：工业园，污水，规划，方案

一、前言

国家近几年大力进行西部开发。西电东送、西气东输等项目为西部发展奠定了强有力的基础。西部开发政策将使西部资源得到了有效利用，同时又将带动西部经济的发展。而作为西部经济发展的突出体现就是工业园区的兴起。工业园区是工业化发展的载体，园区内产业基础规模的大小，产业核心竞争力的强弱，关系到能否较快聚合各种经济要素资源，形成区域经济发展的新亮点。建设新工业园区是统筹城乡发展、实行"工业反哺农业、城市支持工业园区"方针的重要战略举措。为贯彻国家相关方针政策，解决工业园区水环境污染，改善环境，各地相继建设了一批工业园区污水治理工程。但从总的情况看，工业园区污水治理工程由于经验不足，还存在着不少问题。工业园区污水治理工程作为工业园区基础设施规划建设重要内容之一，应在充分调查了解现状的基础上，统筹规划、因地制宜选择相应的技术对策，才能与当地村的经济和社会发展相协调。

二、工业园区污水治理的现状

目前中国西部大部分工业园区区仍无完善的排水系统，污水处理设施建设仍相对落后。但另一方面，随着国家对工业园区地区经济发展投资的增加、园区招商力度的逐渐加大、工业园区的经济发展和基础设施建设速度加快，工业园区迫切需要完善现

有的排水系统和相应的污水处理技术。由于工业园区污水治理具有自身的特点，因此目前工业园区污水治理工程规划建设中还存在着诸多问题，主要表现为以下几个方面：

1.缺乏科学合理的排水规划

近两年，为配合新工业园区基础设施建设以及针对工业园区污水治理存在的问题，环保部、建设部及各地相继出台了一些技术指南、规程等指导性文件，但仍缺乏统一的工业园区排水规划标准。有些工业园区排水规划存在着规划设施与工业园区现实情况差别较大、规划中未留出未来招商产业性质的不确定性等问题，在实际工作中无法真正指导工业园区污水处理工程的建设。

2.设计规模与实际污水量不匹配

污水工程设计处理规模与实际污水量不匹配的问题比较突出。一方面，部分工程因污水收集管网建设不完善，建设过程中污水排放率和污水收集率设计参数不合理，造成处理工程建成后收集的实际污水量小于设计规模；一些规划设计人员不了解工业园区企业实际用水需求和污水排放特点，照搬城镇用水规范，造成污水处理规模偏大。另一方面，盲目的照搬总体规划确定的规模，不考虑园区内实际企业招商的情况。

3.工艺选择不合理

选择合适的工艺是污水处理设施成功运行的关键，不同的污水处理工艺，其建设投资、出水水质、运

行成本、管理维护要求差别很大。一些工业园区污水处理工艺选择时没有充分考虑工业园区的经济、运行管理水平，使得工程完成后难于正常运转。特别是对于西部地区，很多时候一个园区既有重污染类型的化工企业，又有诸如农产品加工、冷却废水等轻微污染企业。这就给工艺的选择带来了很大的不确定性。

4.投资和运行费用短缺

工业园区污水治理工程规划建设与运营管理维护缺乏可靠的资金来源，这是阻碍工业园区污水治理的一大难题。工业园区地域广阔、经济发展不平衡，环保意识相对较弱，靠自筹资金搞污水工程难度很大。靠国家投资，因数额巨大，也需要长期持续投入。特别是大部分工业园正处在招商阶段，即使企业入驻园区，离产生效益还有一定的距离，因此园区企业收费也存在着一定难度。

三、技术对策

1.完善工业园区排水规划

为了确保工业园区污水治理工作的有序开展，在工业园区污水治理的具体工作实际中，根据工程项目建设"规划先行"的原则，应先行编制排水工程规划。工业园区污水工程规划首先应确定规划的范围，合理确定规划目标，明确规划依据，科学选择污水处理工艺。编制规划应遵循以下几点原则：

(1)统筹考虑，因地制宜。充分考虑工业区的建设发展，避免工程建设的重复投资；并根据工业园区自身条件，制定与之相适应的规划方案。

(2)近远期结合，分期实施。排水系统需要全面规划、近远期结合，在不同的阶段突出不同的重点，满足工业园区发展的需要。特别注意园区招商计划、入驻企业的不确定性的应对方案。

(3)合理确定规划目标，明确水污染控制规划依据。根据当地实际情况，因地制宜地采用经济、适用的工艺、技术和方法(图1)。

2.正确选择适宜的排水体制

排水体制分为分流制与合流制两种基本类型。排水体制的确定，不仅从根本上影响排水系统的设计、施工、维护管理，影响到排水工程的总投资和初期投资费用以及运行维护管理费用等，且对环境保护影响深远。因此，排水体制的选择应首先满足环境保护的需要。排水体制应根据当地环境保护要求，当地自然条件(地理位置、地形及气候)和废水受纳水体条件，结合污水水质、水量及排水设施情况，经综合分析比较确定。

目前，在工业园区污水处理工程中有些地区过于强调采用雨污分流制，没有充分考虑当地的经济条件和气候条件等实际情况，造成建设总投资偏大。由于中国西部地区普遍是干旱和少雨地区，因此可采用截流式合流制，以减少工程总投资。

3.确定合理的建设规模和建设进度

工业园区地区污水主要包括生活污水和生产废水。生活污水量通常根据当地生活用水量来计算，对于城市一般可按生活用水量的80%~90%进行计算，对于小城镇可按75%~90%进行计算。而对于工业园区地区，由于生活方式以及建筑内部给排水设施完善程度的不同，建议按60%~90%进行计算。

生产废水量可按产品种类、生产工艺特点及用水量确定，也可按生产用水量的75%~90%进行计算。

排水量计算结果直接关系到管网收集设施和污

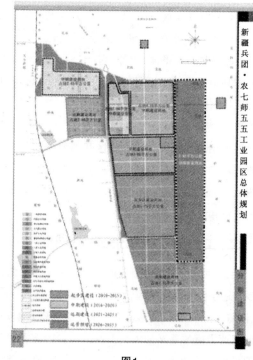

图1

常用污水处理工艺技术比较 表1

工艺名称	处理效果	抗冲击性能	占地面积	运行管理方便程度	建设费用	运行费用	适用模式
序批式生物反应器(SBR)	好	好	较小	自动化水平要求高	较高	高	集中式
氧化沟	好	好	一般	运行管理水平要求高	较高	高	集中式
膜生物反应器(MBR)	很好	一般	很小	运行管理水平要求高	很高	很高	分散和集中式
生物接触氧化	好	一般	一般	一般	一般	一般	分散和集中式
生物滤池	好	一般	一般	运行管理水平要求较高	一般	一般	分散和集中式

水处理设施规模大小,影响工程投资和运行成本。目前一些排水工程设计规模偏大,实际处理水量仅为设计规模的30%~50%,原因很多,应引起注意。处理好现状与发展的关系,宜以现状和近期发展为主,在工业园区污水处理规模确定时,应特别注意工业园区与城市人均用水量的差异,目前,规模设计不合理主要原因除污水排除率和污水收集率取值偏大外,工业园区人均用水量取值偏大也是引起设计规模不合理的重要原因。我们认为设计人员应该详细了解近期入驻企业的需水量和排水量,再考虑招商的预期等因素,适当增加30%的设计规模较为合理。

4.园区企业排放标准及工艺选择

污水处理技术的选择应根据现行的国家和地方的有关排放标准、污染物的来源及性质、排入地表水域的环境功能和保护目标进行确定,应以污水水质和处理排放标准为设计基础。工业园区地区相对城市生活和商业较少,园区内企业污水排放必须经过企业内部预处理达到纳管标准。工业园区生活污水具有日变化和季节变化较大的特点,因此技术选择上除考虑适当调节均衡能力外,还应确保处理系统具有耐冲击负荷能力。此外,应尽量保证投资和运行费用低、运行维护简单方便。

工艺技术选择要综合考虑工业园区环境容量与经济发展水平、处理效率、建设规模、场地选择、运行管理及经济效益、人员素质等因素,对主要污水处理技术优缺点进行比较,并确定相应设计参数和运行控制条件。目前工业园区污水处理工程中使用的技术多种多样,其中生物方法具有投资少、处理费用低、运行管理简单、效果好等优点,在工业园区污水处理中应用较广。

目前,常见的工业园区污水处理工艺技术特点见表1。

工业园区污水处理工艺技术的选择要量力而行,充分考虑工业园区地区经济特点,选用既成熟可靠又适合工业园区特点和实际的生态处理技术。

四、结 语

新工业园区建设与我国的经济发展、社会稳定息息相关,工业园区水污染问题也是国家今后着力解决的重点问题之一。为实现工业园区污水处理"建得起、用得起、管得好"的目标,促进新工业园区建设可持续发展,工业园区污水处理工程规划建设应从工业园区实际出发,结合当地的自然地理环境和经济发展水平,坚持"低投入、低成本、重回用、易管理"的原则,从规划方案、工艺选择、工程实施、运行管理等各个环节做好统筹规划,使工业园区水污染防治工作步入良性发展轨道,保护和改善当地的生态环境。®

参考文献

[1]张统,王守中,等.村镇污水处理适用技术[M].化学工业出版社,北京 2011.

[2]北京市水利科学研究所.北京市工业园区污水综合治理技术,2010年4月.

[3]刘俊新.村庄整治技术手册——排水设施与污水处理[M].北京:中国建筑工业出版社,2010.

[4]郭迎庆,黄翔峰,等.太湖地区工业园区生活污水示范工程处理工艺的选择[J].中国给水排水,Vol.25,No.4,6~9,2009.

[5]齐瑶,常杪.小城镇和工业园区污水分散处理的适用技术[J].中国给水排水,Vol.24,No.18,24~27,2008.

[6]新疆建设兵团农七师五五工业园总体规划[Z].2012.

[7]新疆维吾尔自治区沙湾工业园总体规划[Z].2012.

连载一

当代工程经理人50切忌

杨俊杰

（清华厚德工程管理研究中心主任，北京 100084）

一个集团，一个公司，欲立于国内外市场超群绝伦不败之地，必须杜绝和克服种种弊病，不能义丰词约停留在口头上口号上，而立志"知行合一"，最难做到的是一个"恒"字。曾国藩、梁启超等辈，均有"五箴"在册自拔于流俗，即，立志、居敬、主静、谨言、有恒，前辈们数十年如一日劳心劳力自律从事，成就大事业。我想若能把下面的50切忌做好，也不愧为工程事业俱学习能力、实践能力和创新能力的经理人。

一、切忌信息不确

信息，现代科学指事物发出的消息、指令、数据、符号等所包含的内容。在一切通讯和控制系统中，信息是一种普遍联系的形式。"按物理学的观念，信息只不过是被一定方式排列起来的信号序列。在社会交际活动中，这个定义还不够：信息还必须有一定的意义，或者说信息必须是意义的载体。"陈原《社会语言学》。又解，信息是确定性的增加；信息是事物现象及其属性标识的集合；是生物体通过感觉同外界交换内容的总称，是物质的一种基本属性，是物质存在方式及其运动规律特点的外在表现。当代世界的工程项目信息汗牛充栋良莠不齐，需要通过政府有关部门、咨询公司以及项目代理等各种渠道谨慎加以甄别，尤其在发展中国家或欠发达国家更应百倍注意，切忌"饥不择食"盲目上马的毛病。要树立信息观念，占领市场竞争的制高点，深入开发利用信息资源并使之成为企业的无形财富。关注信息流的功能，信息流的广义定义是指人们采用各种方式来实现信息交流，包括面对面的直接交谈，到采用各种现代化的传递媒介信息的收集、传递、处理、储存、检索、分析等渠道和过程。信息流的狭义定义是从现代信息技术研究、发展、应用的角度看，指的是信息处理在计算机系统和通信网络中的流动。评价企业成功与否看其物流、工作流和信息流"三流"的一体化皆知，其中，信息流的质量、速度和覆盖范围，尤以"映照"企业的生产、管理和决策等各方面的"成色"。因为物流、工作流在企业的"生命活动"中无不最终以信息流的"高级形式"展现，就象生物体的所有活动都是基于神经系统传递的生物电信号一样。故，深入认识"信息流"将掀开企业发展的新视角。

二、切忌评估不当

评估是指对工程项目的全过程、各阶段的评估作为，包括工程项目前期工作评审、合同管理评审、工程项目风险评审等。它是在工程项目履约执行工程中必不可少的重要工具和有效手段，这是欧美跨国公司多年实践事实证明的经验之谈。据此，需要建立健全评估体系，设立必要的机构、人员和评估指标。评估的一般操作程序为：明确评估目的、对象、范围、内容、指标、时间要求等评估要素；双方签署 XX 评估业务约定书；拟订评估实施方案；搜集准备评估所需的各项资料和核实、验证各项资料；必要时进行现场勘查与鉴定；有针对性的选择评估方法和计算公式；根据具体对象分别进行询价、分析、测算和评定；确定评估结果，撰写评估说明，汇总编写评估报告；征求委托方意见、沟通，修改完善评估报告并提交正式XX 评估报告书；建立评估项目档案。评估的当事人事前做好准备，千万不能临时抱佛脚"临岸勒马收缰晚，船到江心补漏迟"，以保证评估的水平和质量在正确和高位轨道方向运行。